スパコンを知る

その基礎から最新の動向まで

岩下武史
片桐孝洋
高橋大介
［著］

SUPERCOMPUTERS

東京大学出版会

Knowing Supercomputers:
The Basics and the State-of-the-Art
Takeshi IWASHITA, Takahiro KATAGIRI and Daisuke TAKAHASHI
University of Tokyo Press, 2015
ISBN978-4-13-063455-7

まえがき

　本書は、最先端のスーパーコンピュータで用いられている技術について、わかりやすく説明した解説書を目指したものです。特に、わかりやすい「見出し」と、「鍵となる技術」に注意して執筆しました。鍵となる技術については、日常よく感じる事柄に喩え、説明することを心掛けています。

　著者らは、大学のスーパーコンピュータセンターに勤務する40歳代の研究者です。スーパーコンピュータに関連する技術の研究開発だけではなく、実際のスーパーコンピュータの運用にも携わっています。これらの研究と運用の経験から、2014年現在のスーパーコンピュータの関連話題を抽出し、その内容解説をまとめています。

　本書は以下のような構成になっています。

　第1章は岩下が担当し、スーパーコンピュータの基礎知識ともいうべき事項について解説しました。スーパーコンピュータと普通のパーソナルコンピュータは何が違うのか？　世界一のスーパーコンピュータとは何が世界一なのか？　それはどのように決まるのか？　など、スーパーコンピュータに関する様々な疑問に答える内容としています。具体的には、スーパーコンピュータの構成やその評価法、運用に必要なもの等について解説しています。また、大学におけるスパコンの調達手順など、一般の技術書ではほとんど述べられていない事柄についても紹介しました。本章の内容は第2章以降を読み進めるための基礎となるものですが、本章を読むだけでも読者の皆様がスパコンに関する議論に参加できるようになっています。その観点から、スパコン開発に関する議論においてよく現れる専門用語の解説も加えています。

　第2章と第3章は高橋が担当しました。第2章では、スーパーコンピュー

タはなぜ速く計算できるのかについて、主にハードウェアの面から解説しました。スーパーコンピュータのプロセッサやネットワークにおいて、高速化のために行われている工夫について説明しています。第3章では、スーパーコンピュータをどのようにして使うのかについて、主にソフトウェアの面から解説しました。スーパーコンピュータが高速に計算できる条件と、スーパーコンピュータにおけるプログラミングの概要について説明しています。

最後に、第4章は片桐が担当し、最先端のスーパーコンピュータに関連する技術と将来展望について解説しました。特に、2012年に我が国の当該分野の若手研究者が集結してまとめられた、次世代のスーパーコンピュータ開発に関連する技術白書である「HPCI技術ロードマップ白書」の内容の説明を中心にしました。加えて、2014年現在のスーパーコンピュータに使われているCPU技術の解説も行っています。将来展望として、2020年頃までに開発される「エクサスケール」のスーパーコンピュータ開発の課題と展望を述べました。これらを通じて、ニュースに登場するスーパーコンピュータ関連の話題を身近に感じていただければ幸いです。

以上のように、直観的に最新技術が理解できる解説書になっていると自負しています。

本書の執筆と出版には、東京大学出版会編集部 岸純青 氏に貢献いただきました。大変ありがとうございました。ここに感謝の意を表します。

最後に、本書を読んでいただくことで、実際にスーパーコンピュータに関連する研究開発に携わる学部学生、大学院生、技術者が増えていけば著者らにとって大変うれしく思います。また、スーパーコンピュータ分野の技術開発の重要性を、多くの方に共感いただけるのでしたら、著者らにとって望外の幸せです。

2014年10月

謹識
岩下武史、片桐孝洋、高橋大介

目次

まえがき .... *i*

第1章　スーパーコンピュータとは何か *1*
1.1　スーパーコンピュータとは何か *2*
 1.1.1　スーパーコンピュータと普通のコンピュータの違いとは？ *2*
 1.1.2　スーパーコンピュータの定義 *3*
 1.1.3　今のスパコンは20年後のパソコン？ *4*
 1.1.4　「科学技術計算」とは *4*
 1.1.5　「高速な計算機」とは何を意味するのか *6*
 1.1.6　スーパーコンピュータの定義（より技術的な表現）... *8*
 1.1.7　どうしてスーパーコンピュータが必要なのか？ ... *8*
1.2　スパコンは何に使われるのか？ *9*
 1.2.1　スパコンの代表的な応用分野 *9*
 1.2.2　スパコンを使った創薬 *10*
 1.2.3　スパコンによる宇宙プラズマシミュレーション .. *12*
1.3　スパコンの中身はどうなっているの？ *14*
 1.3.1　スパコンの基本構成 *14*
 1.3.2　計算ノードの構成 *15*
 1.3.3　スパコンの中にあるネットワーク *17*
 1.3.4　スパコンの内部ネットワークに関する基礎知識 .. *19*
 1.3.5　スパコンにはケーブルのお化けがついている？ .. *20*

- 1.4 スパコンの実力診断テスト——ベンチマーク ... 21
  - 1.4.1 世界一のスパコンってどのように決めるの？ ... 21
  - 1.4.2 理論ピーク演算性能の算出法 ... 23
  - 1.4.3 スパコンランキングを決める LINPACK ベンチマーク ... 25
  - 1.4.4 スパコンではメモリの性能も大事 ... 28
  - 1.4.5 メモリ性能、通信性能を計測するベンチマーク ... 29
  - 1.4.6 NAS Parallel ベンチマーク（アプリケーションに基づくベンチマーク） ... 32
  - 1.4.7 日本発のベンチマーク ... 33
  - 1.4.8 その他のベンチマーク ... 34
- 1.5 スパコンを動かすために必要なものとは？ ... 35
  - 1.5.1 スパコンに必要なソフトウェア ... 35
  - 1.5.2 スパコンに必要な電気 ... 43
- 1.6 スパコンはどうやって買うの？ ... 45
  - 1.6.1 スパコンの調達手続き ... 46
- 1.7 スパコンは誰でも使えるの？ ... 48
- 1.8 将来のスパコンを語るためのキーワード ... 49
  - 1.8.1 HPCI (High Performance Computing Infrastructure) ... 49
  - 1.8.2 B/F 値 ... 50
  - 1.8.3 スケール ... 51
- 1.9 まとめ ... 56

第 2 章 スパコンはなぜ速く計算できるのか ... 57

- 2.1 プロセッサ——コンピュータの心臓部 ... 58
  - 2.1.1 パイプライン処理——処理の分割 ... 59
  - 2.1.2 命令パイプライン ... 59
  - 2.1.3 演算パイプライン ... 59
  - 2.1.4 ベクトル処理——一度に複数のデータを処理する ... 60
  - 2.1.5 スーパースカラ処理——複数の命令を並列に処理する ... 61

		2.1.6	アウトオブオーダー実行 ── できる仕事から先に行う	*62*

- 2.2 メモリ *62*
  - 2.2.1 メモリ階層と局所性 ── 使い分けと組み合わせ *63*
  - 2.2.2 キャッシュメモリ ── データを一時的に保管する.... *65*
  - 2.2.3 バンクメモリ ── データ供給能力の向上 *66*
- 2.3 入出力装置 *67*
- 2.4 複数プロセッサによる並列処理 *67*
  - 2.4.1 共有メモリシステム *68*
  - 2.4.2 分散メモリシステム *69*
- 2.5 複数の計算ノードを接続する ── ノード間結合ネットワーク *70*
  - 2.5.1 リング *70*
  - 2.5.2 クロスバ・スイッチ *71*
  - 2.5.3 メッシュ *71*
  - 2.5.4 トーラス *73*

第3章 スパコンを効果的に利用するには *75*

- 3.1 スパコンが高速に計算できる条件 *75*
  - 3.1.1 プロセッサの単体性能を引き出す *75*
  - 3.1.2 並列化とその限界 *76*
  - 3.1.3 速度向上率とは *77*
  - 3.1.4 アムダールの法則 *77*
- 3.2 スパコンにおけるプログラミング *78*
  - 3.2.1 マスターワーカー・モデル *79*
  - 3.2.2 タスク並列 ── 仕事単位で並列化 *79*
  - 3.2.3 データ並列 ── データ単位で並列化 *80*
  - 3.2.4 OpenMP *80*
  - 3.2.5 MPI *83*
  - 3.2.6 PGAS モデル *86*

第4章　最新技術と将来展望 *89*

4.1　ベクトルプロセッサをスパコンに使う *89*

- 4.1.1　ベクトル型のスパコンとは――演算を限定し演算効率を高める *89*
- 4.1.2　データを演算器に速く送ること *92*
- 4.1.3　コンピュートニク・ショック――米国が驚いた地球シミュレータ *92*

4.2　演算アクセラレータをスーパーコンピュータに使う *98*

- 4.2.1　電力当たりの演算効率を高めること、量産品を使って単価を下げること *98*
- 4.2.2　レイテンシ・コア、スループット・コア――少数精鋭か凡才多数か？ *98*
- 4.2.3　GPUコンピューティングの浸透――グラフィックス用のCPUを汎用計算に使う *99*
- 4.2.4　GPUコンピューティングの特徴 *100*
- 4.2.5　NVIDIA Kepler *101*
- 4.2.6　新しい潮流――AMD Fusionテクノロジ *105*

4.3　マルチコア/メニーコア・プロセッサをスーパーコンピュータに使う *106*

- 4.3.1　マルチコア・プロセッサ (SPARC64, IBM Power7, Intel Ivy Bridge, Haswell, AMD Opteron, FX) の利用 *106*
- 4.3.2　メニーコア・プロセッサ (Intel MIC アーキテクチャ (Intel Xeon Phi)) の利用 *113*

4.4　エクサフロップスに向けて *120*

- 4.4.1　多数の人が同時に仕事をすると何が起こるか *121*
- 4.4.2　東京都内の連絡と南極への連絡の電力量 *122*
- 4.4.3　克服すべきいくつかの難問（スケーリング、消費電力、プログラミング、信頼性、入出力） *123*
- 4.4.4　ビックデータの到来と将来の計算需要の変化 *143*

  4.4.5 次世代システム調査研究（フィージビリティ・スタディ）とコ・デザイン *145*
4.5 まとめ *149*

参考文献 *151*

索引 *159*

第1章
スーパーコンピュータとは何か

　皆さんは「スーパーコンピュータ（スパコン）」について、どのようなイメージをお持ちでしょうか？　しばしば映画やドラマの中で登場するずらっと並んだ大きな箱というイメージでしょうか？　図 1.1 は東京大学の Fujitsu FX10 というスパコンの写真ですが、これを見ると、実際にこのようなスパコンに対するイメージが正しいことがわかります。しかし、その一方で「スパコンとは何ですか？」と問われて明確に答えられる方は少ないのではないでしょうか？　本章では、「スパコンとは何か」、そしてスパコンに関して知っておきたい基本的な事柄について説明していきます。

図 1.1　スパコンの外観
東京大学情報基盤センター Fujitsu FX10

1.1 スーパーコンピュータとは何か

1.1.1 スーパーコンピュータと普通のコンピュータの違いとは？

スーパーコンピュータ（スパコン）はその名前に「コンピュータ」が含まれているようにコンピュータ（計算機）の一種です。では、スパコンは普通のコンピュータ、たとえば家庭やオフィスで使用するパーソナルコンピュータ（パソコン）と何が違うのでしょうか？ 30年前は、スパコンとパソコンではその内部の構成部品の多くが異なっていました。しかしながら、現在ではパソコンで使用されている部品と同一の部品を使用したスパコンも数多く登場しています。たとえば、非常に多数のパソコンを並べて互いにネットワークで接続すれば、一般に **PC クラスタ** (**PC Cluster**) 型と呼ばれるスパコンを作ることができます。つまり、極端な言い方をすれば、秋葉原の電気街で売っている部品をかき集めてスパコンを作って、動かすことができる時代になってきているのです。では、スパコンとパソコンでその構成部品に違いがないとすると、両者の違いはどこにあるのでしょうか？ それは、仮に PC クラスタ型のスパコンを構築するとしても、"非常に多くの" パソコンを用意しなければならないという点にあります。つまり、スパコンの本質は、非常に多くの計算資源を同時に提供できることにあり、これを実現するハードウェア、ソフトウェアがスパコンと呼ばれるものとなります（図 1.2）。

読者の皆さんは、スパコンとパソコンの "中身" に大きな違いがないといわれると、つまらないと感じるかもしれません。あるいは、スパコンは案外簡単に作れるものだと思われたかもしれません。しかし、それは正確な理解ではありません。次のような喩え話で考えてみましょう。一度に数人のお客しか対応できない普通のラーメン屋さんに対して、"スーパーな" ラーメン屋さんは、一度に数万人、数十万人にサービスできる（する）とします。同じラーメンを提供するとしても、そのような "スーパーな" ラーメン屋さんを作ることはとても大変なことであることが想像いただけると思います。また、なお悪いことに、このラーメン屋さんでは、お客さん同士の間でトッピングの交換を行うようなシステムがあるのです。しかもそれは頻繁に行われ、お客

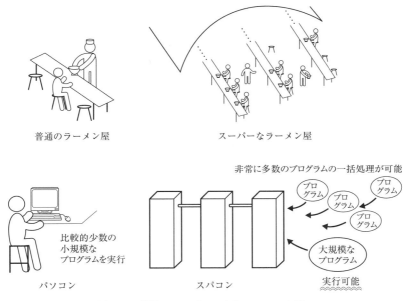

図 1.2 普通のコンピュータとスパコンの違い

同士の席がどんなに離れていても、それを高速に行わなければならないのです。すなわち、スパコンでは、非常に多くの計算資源を同時にユーザに提供し、これらの計算資源を適切に管理した上で、内部で高速にデータをやりとりする仕組みが求められます。このようなスパコンの特性を可能とする諸技術に関するより詳しい説明は第 2 章以降にゆずるとして、ここではスパコンに関する基礎知識について引き続き説明していきます。

1.1.2　スーパーコンピュータの定義

前項では、スパコンについて概念的な説明をしましたが、ここではより正確に、スパコンとはどのように定義されるのか説明します。たとえば、数学では "円" や "体積" といった語句を明確に定義することができます。しかし、実はスパコンには、このような万人・万国共通の定義がありません。ですから、各々の人や国によって、異なった意味で使われる可能性があります。しかしながら、過去の歴史を踏まえて、一般的にスパコンは次のように定義さ

れます。

「スーパーコンピュータは科学技術計算において同時代で抜きん出て高速な計算機のことである。」

さて、この文には3つのポイントがあります。それは、「科学技術計算」、「同時代で」、「抜きん出て高速な計算機」の3つです。この3つのポイントを理解することができれば、スパコンの定義を理解したといえるでしょう。以下、順に説明していきましょう。

1.1.3　今のスパコンは20年後のパソコン？

皆さんは"ムーアの法則"という言葉を聞かれたことがありますでしょうか？　これは、プロセッサに搭載されるトランジスタの数が、年々指数関数的に増加していくという法則です。技術的な限界からムーアの法則はいずれ成り立たなくなると言われていますが、トランジスタの増加率は現在に至るまでそのペースを維持しています。**プロセッサ**は演算を司るコンピュータの心臓部であり、コンピュータの性能はプロセッサに含まれるトランジスタ数の増加を受けて、年々向上しています。その結果、ある時点でのスーパーコンピュータの性能が、十数年後には数個のプロセッサで実現できてしまうということが起こります。たとえば、1996年6月に東京大学に設置された日立製作所製 SR2201 は世界一の演算性能を達成しましたが、それから20年近くたった今では、同等の性能を持つ計算機をパソコンとして利用できます。SR2201 は1996年の当時、間違いなく世界で最先端の技術を誇るスパコンでしたが、現代ではその性能は「スーパー」コンピュータとは言えないものとなっています。つまり、スパコンは時代を越えては正しく規定することができないのです。そこで、スパコンの定義には、「同時代で」という時期の特定が必要となります。現在のスパコンは、未来ではもはやスパコンとは呼ばれなくなるという事実はスパコンに関する基本的な認識の1つです。

1.1.4　「科学技術計算」とは

次に、「科学技術計算」とは何を意味するのか説明しましょう。文字通りに受け止めれば、科学技術のために行われる計算ということですが、そもそも科

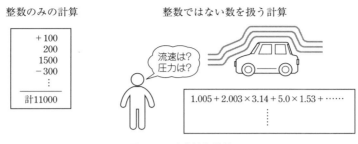

図 1.3 科学技術計算

学技術の範囲は広く、科学技術のための計算とそうでない計算を区別することは不可能です。したがって、スパコンの定義における「科学技術計算」は、実際に科学技術に必要な計算かどうかということとは別の観点で解釈されています。順をおって説明しましょう。

コンピュータ上で行う計算は大きく分けて「整数のみで行われる計算」とそれ以外の計算の 2 種類に区別できます。科学技術計算とは、ごく簡単にいえば後者の計算を指します（図 1.3）。たとえば、会社における帳簿上のお金の出入りに関する計算は、「整数のみで行われる計算」の代表例となります。一方、科学技術計算の代表例と言える気象シミュレーションでは、気圧や風速といった直感的にも整数ではないと思われる量（数）を扱います。つまり、科学技術計算は整数だけでなく、たとえば、実数も扱う計算であると捉えることができます。では、コンピュータの中で実数がどのように扱われるか、もう少し詳しく見ていきましょう。

コンピュータの内部において、数値データは一般にある桁数の 2 進数により表現されます。この 2 進数の 1 桁はビットと呼ばれ、たとえば 32 ビットは 2 進数の 32 桁を意味します。コンピュータの資源（たとえばトランジスタ数）は有限であるため、無限の桁数を扱うことはできません。そこで、1 つの数を 32 ビットや 64 ビット等のある桁数の 2 進数で必要に応じて近似して表現することになります。ここで、数値データが整数の場合には、たとえば 32 ビットを使用すれば、$-2147483648 \sim 2147483647$[1]の間のすべての整数を正確に表現することができます。

---

[1] 1 ビットを符号ビットとして使用。$2^{31} = 2147483648$。

次に、数値データが実数の場合、たった1つでも有限の桁数では表現できない数（たとえば円周率 π）があるように、ある範囲のすべての数をコンピュータ上で数値データとして表現することはできません。小数を使用してある数値を表現するとしても、どこかの桁で打ち切る必要があります。そこで、多くのコンピュータでは、**浮動小数点方式**と呼ばれる数値表現方式を採用しています。この方式では、10 進数を例にした場合、1.356×10^5 のような表現を用います。10^5 の部分は指数部と呼ばれており、この指数部を導入することよって、同じデータ量（ビット数）でより広範囲の数値を扱うことができます。

気象シミュレーションの例に見られるように、多くの科学技術計算では主に実数や複素数を用いた計算が行われ、その計算時間が全体のシミュレーション時間の大半を占めます。実数や複素数は、計算機の内部において浮動小数点方式により表現された数（浮動小数点数）を使って表現されます。そこで、スパコンの定義では、「科学技術計算」は「浮動小数点数を用いた計算」を意味すると解釈されます。つまり、ある計算機がスパコンと呼ぶにふさわしいかどうかは、「浮動小数点数を用いた計算」がどの程度高速であるか、その計算速度（性能）により判断されます。

1.1.5 「高速な計算機」とは何を意味するのか

さて、スパコンの速度、あるいは性能はどのように評価されるのでしょうか。筆者は"スパコンの性能"について大学の講義で説明する際に、"車の性能"を喩えとして使っています。車の性能を測る方法として、大きく分けて2つの方法が考えられます。1つはいわゆる、カタログスペックによる評価です。たとえば、A、B という2つの車の最高速度がそれぞれ 350 km/時、300 km/時であれば、カタログ上は A の方が優れた性能を持っているということができます。一方、別の評価法として、実際にあるコースを走行し、その結果（走行時間）により評価する方法が考えられます。スパコンや計算機についてもこの車の評価法と同様の2種類の評価法があります。

計算機の世界において、性能のカタログ値と呼べるのが**理論ピーク演算性能**あるいは単に、ピーク演算性能です。理論ピーク演算性能はある計算機やスパコンが1秒当たりにどれだけの演算を行うことができるかを表します。

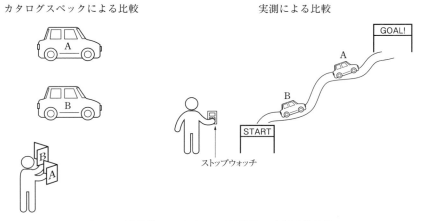

図 1.4　計算機の理論ピーク演算性能と実効演算性能

前項で述べたように、スパコンでは科学技術計算、即ち浮動小数点数による演算（浮動小数点演算）をどれだけ高速に実行できるかが評価の対象となります。したがって、スパコンの理論ピーク演算性能は 1 秒当たりに実行可能な浮動小数点演算の回数により与えられ、その単位は**フロップス (FLOPS)**と呼ばれます。たとえば、国内最速の計算機である「京」(理化学研究所計算科学研究機構) の理論ピーク演算性能は 11.28 PFLOPS であり、この値は「京」が最大で 1 秒間に 11.28 Peta（1 京 1,280 兆）回の浮動小数点演算を行うことができることを意味しています。

では、実際に車を走行させて評価する方式は、計算機の世界ではどのように考えられるでしょうか。スパコンを含め、計算機の上でどのような計算を行うかはプログラムにより記述されます。そこで、ある特定のプログラムを実行し、そのプログラムの実行時間を計測すれば、その結果によって計算機を評価することができます。このような性能測定のためのプログラムを**ベンチマーク (Benchmark)**、またはベンチマークプログラムと呼び、このプログラムを実行した結果（実行時間）に基づいて算出した 1 秒当たりの浮動小数点数による演算数 (FLOPS 値) のことを**実効演算性能**と呼びます（図 1.4）。ここで、注意しなければならないのは、使用するベンチマークにより実効演算性能が変化する点です。つまり、2 つのスパコン A、B の演算性能を比較す

る場合、あるベンチマークではAが優れているが、別のベンチマークはBが優れているということが起こりえます。これは、車の世界においてもF1やラリーのように複数のレースがあり、F1において最も優れた車が必ずしもラリーでは優れた車とはいえないのと同様です。

以上をまとめると、「高速な計算機」とは高いFLOPS値、即ち単位時間に非常に多くの浮動小数点数による演算を実行できる計算機を意味することになります。なお、スパコンの世界では、FLOPS値として理論ピーク演算性能か著名なベンチマークによる実効演算性能を用いることが一般的です。

1.1.6 スーパーコンピュータの定義（より技術的な表現）

1.1.3項から1.1.5項の説明を踏まえると、スーパーコンピュータの定義はより技術的な表現を用いて以下のように与えられることになります。

> 「スーパーコンピュータは、同時代における他のコンピュータと比べて単位時間に実行可能な浮動小数点数による演算回数が大幅に多いコンピュータである。」

ここで、1点補足します。1.1.4項で述べた浮動小数点数には、一般的によく使用されるものとして、32ビット（32桁の2進数）により1つの数を表す単精度浮動小数点数と64ビットを用いて1つの数を表す倍精度浮動小数点数の2種類があり、後者を用いた方がより高精度な解析が可能となります。スパコンで行われるシミュレーションでは、解析精度の点から一般に倍精度浮動小数点数が使用されます。したがって、スパコンの性能を比較する場合のFLOPS値では、倍精度の浮動小数点数を用いた演算に関する値を用います。したがって、上述のスパコンの定義における「浮動小数点数による演算回数」とは、より正確には「倍精度浮動小数点数による演算回数」を意味することになります。

1.1.7 どうしてスーパーコンピュータが必要なのか？

これまでにスーパーコンピュータはどのようなものか説明をしてきました。では、なぜこのような一度に非常に多くの計算資源を提供するコンピュータが必要なのでしょうか？ スパコンの使用目的は多岐にわたりますが、たと

えば防災目的のシミュレーションについて考えてみましょう。洪水や地震の防災対策を策定するために、シミュレーションをする必要があるとしましょう。そのシミュレーションは高精度かつ大規模なもので、計算時間だけを問題としても普通のパソコンでは 20 年かかってしまうとします。この場合、このようなシミュレーションを 20 年かけて実行してもまったく意味がありません。つまり、その 20 年の間に対策をしなければならない洪水や地震といった災害が生じてしまう可能性があるからです。では、ここにパソコンの 1 万倍の計算資源を提供できるスパコンがあるとするとどうでしょうか。単純な性能比だけを考慮すれば、1 日でそのシミュレーションを完了できることになります（365 日 × 20 年 ÷ 10000 = 0.73 日）。このように社会や学術分野には、現時点で解く必要性がある問題や、現時点で解くことによって大きな意義を持つ問題があり、その解決のために多大な計算資源が要求されることがあります。スパコンが必要である理由の 1 つはこれらの諸問題を今、現実的な時間で解くためであるということができます。

1.2 スパコンは何に使われるのか？

1.2.1 スパコンの代表的な応用分野

スパコンは様々な学術研究分野、産業応用分野において活用されていますが、その中でもスパコンの利用が不可欠であったり、その使用により大きな成果が期待できる分野があります。これらの特に重要な応用分野について紹介しましょう。

文部科学省では、主に京コンピュータを対象として、スパコンの活用が期待される 5 つの戦略分野を以下のように選定しています [1, 2]。

- 戦略分野 1：予測する生命科学・医療および創薬基盤

- 戦略分野 2：新物質・エネルギー創成

- 戦略分野 3：防災・減災に資する地球変動予測

- 戦略分野 4：次世代ものづくり

● 戦略分野 5：物質と宇宙の起源と構造

　これらの戦略分野では、スパコンにより社会的・学術的に大きな意義を持つブレークスルーを起こすことが期待されています。

　「戦略分野 1」は、人の医療や健康に関する応用です。たとえば、ゲノムやタンパク質といった人を形作る微小な構成要素から、臓器や全身にわたる生命現象を統合的にシミュレートすることにより、疾病メカニズムの詳細な解明が行われています。

　「戦略分野 2」は、ナノ・サイエンスや材料工学、物性物理と呼ばれる分野を対象としています。物質を原子や電子のレベルから理解することで、新しい特性や機能をもつ材料・デバイスの開発に寄与します。

　「戦略分野 3」は、地震や津波、洪水といった大規模災害に関するシミュレーションや気象予報、地球変動に関する解析を対象としています。地球温暖化や地震等の大規模災害の影響を予測することで、今後のインフラ整備のあり方に重要な指針を与えます。

　「戦略分野 4」は、最も産業応用に近い分野といえます。ものづくりの過程で行われる様々な最適化や調整をスパコンを使用することで効率化し、新しいものづくりのあり方を提示するとともに、省エネルギーや低騒音といった機能面において、これまでにない高い性能を実現することが期待されています。

　「戦略分野 5」は、宇宙や物質の起源や構造を明らかにする研究分野です。銀河の形成過程を明らかにしたり、重元素の起源を解明するといった研究が行われ、大きな学術的成果が期待されています。

　本書では、これらの戦略分野にも関係する 2 つのシミュレーションを取り上げ、より詳しく紹介することにします。

1.2.2　スパコンを使った創薬[2]

　創薬分野は社会的に最も期待されるスパコンの応用分野の 1 つです。現在治療が困難な疾病に対して、新しい薬をより速やかに開発することができれば、人類にとって大きな貢献となります。

---

2) 本項の記述は京コンピュータ・シンポジウム 2013 における京都大学大学院 薬学研究科 奥野恭史教授の講演 [3] において筆者が見聞したことに基づいています。

1つの薬を作るには基礎研究から臨床試験、承認取得に至る長い道のりがあります。その期間は10年以上におよび、500億円以上の開発費が必要となることもあります。また、このような長い期間や費用を投じても、必ずしも製品化できる薬の開発に成功するとは限りません。そこで、製薬業界では、IT技術やスパコンを活用することにより、これらの開発期間やコストの削減に取り組んでいます。

　現代的な創薬では、たとえば人にとって有害なタンパク質の活性化を防ぐ薬の開発が行われます。ある種のタンパク質は、ATPと呼ばれる生体物質が結合することにより、人体に対する有害な作用をはじめます。この場合、このタンパク質とATPの結合部を別の化合物で塞ぐことができれば、その有害な作用を阻止することができます。つまり、この化合物が薬となります。そこで、現在の創薬は、病気の原因となるタンパク質を見出し、そのタンパク質に結合する化合物を見出したり、作ったりすることと言い換えることができます。この作業は、ジグソーパズルをイメージするとわかりやすいでしょう。つまり、ある1つのピースの穴にぴったりとはまる別のピースを見つけ出すという作業となります。しかし、実際の創薬では、タンパク質の数は10万以上に及び、化合物の種類に至っては10^{60}というとてつもない数となります。したがって、膨大な化合物候補から適切なものを選び出すことは、非常に困難な作業となります。そこで、スパコンを利用することにより、この適切な化合物を選び出す作業を効率化することが行われています。スパコンを利用した創薬では、コンピュータ上でタンパク質と化合物の結合をシミュレーションし、両者が結合するかどうか、また結合する場合にはその強さを予測します。

　結合に関するシミュレーションでは、最新のスパコンを利用したとしてもすべての化合物に関して計算を実行するのは現実的ではないため、すでに結合することがわかっているタンパク質と化合物のペアに関する情報を活用し、候補を絞り込むことが行われています。しかしながら、結合予測を行う候補化合物の種類はなるべく多い方がよいのは当然です。京都大学の奥野恭史教授は、国内最速の京コンピュータをフルに活用した場合、631種の疾病原因タンパク質と3,000万種の化合物に関する189億ペアの結合予測を現実的な

時間（約 6 時間）で行うことができると試算しています。同様のシミュレーションは小規模な計算機システムでは数年を要すると試算されており、スパコンを使うことにより大幅に創薬のプロセスを効率化できることが理解できます。

　また、タンパク質と化合物の結合の強さに関するシミュレーションでは、スパコンを利用することにより、人体内の実際の状況を想定した解析が可能となってきています。たとえば、タンパク質は人体内部では水などの他の分子の影響を受けます。つまり、仮にあるタンパク質と結合する化合物が見つかり、静的な環境においては十分な結合の強さを有すると予測されたとしても、細胞内や溶媒内では簡単にその結合が外れてしまうことがあります。このような化合物は、実際の薬としては十分な働きができないと予想されます。しかし、こうしたタンパク質の人体内での状況を考慮したシミュレーションは、通常の計算機システムでは 10 年単位の時間を要し、これまではまったく不可能と考えられてきました。しかしながら、京コンピュータに代表される最新のスパコンではこうした精度の高い結合強度に関するシミュレーションが可能となりつつあります。今後スパコンの性能がさらに向上することにより、より多くの化合物候補との結合予測やより高精度な結合強度予測が行われるようになると期待されます。

1.2.3　スパコンによる宇宙プラズマシミュレーション

　宇宙に関する学術研究や宇宙開発の進歩には目覚ましいものがありますが、簡単に「行って調べる」ということができないことから、宇宙分野は数値シミュレーションやスパコンによる研究が最も期待される研究分野の 1 つです。たとえば、地球の周辺には多数の人工衛星が存在し、衛星放送や GPS を用いたカーナビ等、多くの人がその恩恵を受けています。しかし、人工衛星が宇宙環境から受ける影響や逆に衛星自身が周辺環境に及ぼす影響を実測に基づいて評価することは困難で、このような場合には数値シミュレーションによる予測や評価が重要となります。一例として、神戸大学の臼井英之教授、三宅洋平助教による研究成果 [4, 5] を紹介しましょう。

　人工衛星の中にはイオンエンジンと呼ばれる推進装置を持つものがありま

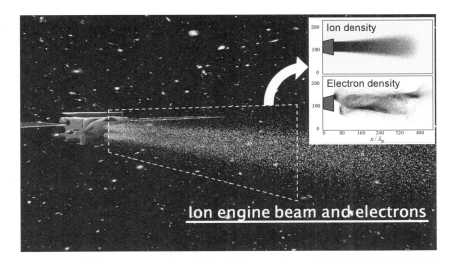

図 1.5 人工衛星のイオンエンジンに関するシミュレーション（神戸大学臼井研究室提供）

す。このイオンエンジンは、質量の大きい陽イオンを放出することによる反作用で推力を得る仕組みとなっており、衛星の軌道制御にしばしば利用されます。イオンエンジンは、陽イオンを放出するとともに、電子をあわせて放出することで、電気的な中和を行います。しかしながら、こうした人工的な陽イオンや電子は、周辺の宇宙環境や自身から生ずる電場や磁場の影響を受けるため、その振る舞いは非常に複雑になります。陽イオンや電子の実際の振る舞いがエンジン設計時における予想と大きく異なれば、イオンエンジンの性能に悪影響を及ぼすことにもつながりかねません。そこで、臼井教授のグループでは、イオンエンジンから放出された陽イオンや電子が宇宙空間でどのように振る舞うのか数値シミュレーションしています。図 1.5 は、この数値シミュレーションにより得られた解析結果であり、これにより陽イオンや電子の分布がわかり、イオンエンジンの動作に及ぼす影響を評価することができます。

では、このようなシミュレーションにおいてスパコンが使われる理由について説明しましょう。図 1.5 からも読み取れるように、このシミュレーションでは非常に多数の粒子の動きを扱う必要があります。また、これらの粒子は電荷を帯びているために、外部や自身の振る舞いから生ずる電場や磁場の

影響を受けます。このため、

- 荷電粒子の運動

- 解析空間内の電場、磁場の振る舞い

という2つの物理的現象を同時にシミュレートする必要があります。こうした複数の物理現象を扱うシミュレーションは**マルチフィジックスシミュレーション**と呼ばれ、一般に解析の過程が複雑となり、多くの計算を要求します。本シミュレーションは、多数の粒子を扱うマルチフィジックスシミュレーションとなるため、その計算量が膨大なものとなります。そこで、この計算を現実的な時間で実行するために、スパコンが持つ高い計算性能が必要となります。本書では人工衛星に関するシミュレーションを取り上げましたが、銀河の形成過程の解析等、宇宙に関するシミュレーションにはスパコンが持つ高い演算性能が不可欠なものが多くあります。

1.3　スパコンの中身はどうなっているの？

本節では、現在のスパコンがどのような部品を使って、どのように構成されているのか、スパコンの中身について説明していきましょう。

1.3.1　スパコンの基本構成

コンピュータには**CPU（Central Processing Unit：中央演算処理装置）**やプロセッサと呼ばれる演算を行う素子があります。これらの1個のCPUやプロセッサが持つ演算性能には限界があり、スパコンの機能を実現するには多数のCPUやプロセッサを使用する必要があります。そのため、現在のスパコンは図1.6にみられるような形態を持ちます。つまり、CPUやプロセッサを内部にもつ**計算ノードをノード間結合ネットワーク**により結びつけたものがスパコンの本体となります。計算ノードに関する詳細は1.3.2項で述べますが、ここでは簡単のため、1台のデスクトップPCのようなものとイメージして下さい。この場合、スパコン全体の概念的イメージは、多数のデスクトップPCが置かれ、これらが互いに接続されているという形となりま

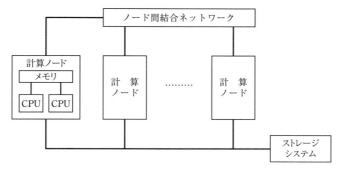

図 1.6　典型的なスパコンの構成（ノードクラスタ型）

す。なお、ノード間結合ネットワークとはこのスパコン内部の接続網（ネットワーク）を意味します。

また、スパコンで計算を行うためには、計算に必要な入力データや計算の結果を保持するための**ストレージシステム**が必要となります。現在の一般的なストレージシステムは非常に多数のハードディスクにより構成され、ネットワークによりスパコンに接続されます。

1.3.2　計算ノードの構成

ここでは、スパコンを構成する計算ノードについて説明しましょう。スパコンの計算ノードの形態にはいくつかのバリエーションがあり、そのスパコンの目的に合わせて選択されます。このうち、最も広くスパコンで活用されている計算ノードの形態は図 1.7 のようになります。計算ノードは 1 つまたは複数のプロセッサ（ソケットとも呼ばれる）とメモリ、さらにネットワークアダプタ等の機器により構成されます。ここで現在では、プロセッサは複数のコアを有する**マルチコアプロセッサ**であることが主流です。ここで**コア**とは単独でプログラムの実行、制御を行う機能を持つ演算装置であり、たとえば 1 つのプロセッサが 4 つのコアを有している場合、これらを同時並行的に使用し、並列計算（4 並列実行）を行うことが可能となります。以前は、1 つのプロセッサが有するコアは 1 つだけであることが普通でしたが、トランジスタの集積技術の向上により、現在では PC 向きの汎用プロセッサを含め、ほとんどのプロセッサがマルチコア化されています。また、計算ノード内の

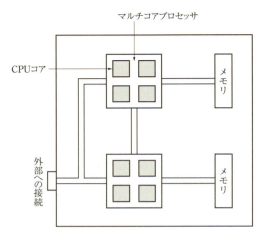

図 1.7 典型的な計算ノードの構成（マルチコアプロセッサによる共有メモリノード）

メモリは、いずれのコア、プロセッサからもデータを読み書きできるように構成されるのが一般的です。この場合、計算ノードは共有メモリノードと呼ばれることがあります。

次に、世界のトップレベルのスパコンにもしばしばみられる**ヘテロジニアス (heterogeneos)** な計算ノードについて説明します。ヘテロジニアスな計算ノードとは、一般的なマルチコアプロセッサ (CPU) と**アクセラレータ**と呼ばれる演算デバイスで構成されるノードを意味します（ヘテロジニアスな計算ノードとの対比で、マルチコアプロセッサのみで構成される計算ノードはホモジニアスなノードと呼ばれます）。アクセラレータの代表例としては、**GPU (Graphics Processing Unit)** [6] や Intel 社の Xeon Phi コ・プロセッサ [7] を挙げることができます。これらのアクセラレータは、一般のマルチコアプロセッサと比べてより多くのコアを備え、大規模な並列処理により、高い演算性能を実現することができます。また、消費電力の面にも優れており、運用コストの点で大規模なシステムの構築に適しています。その結果、2013 年 11 月のスパコンリストの上位 10 機のうち、4 機がアクセラレータを使用しています。ただし、アクセラレータ、たとえば GPU を効果的に利用するためには留意しなければならない点があります。一般のマルチコアプロセッサでは、各コアが同時並行的にまったく別の処理を行うことができ

ます。一方、GPU は同種の計算を多くのデータに適用する処理には向いていますが、コアごとにまったく別の処理を実行することや、複雑な整数演算や条件分岐を含む計算には不向きです。これらのデメリットは、今後アクセラレータ用のプログラミング言語やライブラリが整備されることにより解消される可能性がありますが、GPU が本来目的とする画像処理においてこれらの処理があまり必要とされないことから、本質的な解決は簡単ではありません。即ち、アクセラレータ (GPU) を用いるスパコンには、得手とする計算と不得手とする計算が存在することに留意する必要があります。

また、アクセラレータを用いる場合、プロセス、メモリ、ファイル等の計算機自身の管理のために、ホストと呼ばれる（マルチコア）プロセッサ (CPU) とともに用いられることが一般的です。その結果、アクセラレータを利用する場合の計算ノードはプロセッサとアクセラレータの両者を含むヘテロジニアスな構成となります。ただし、アクセラレータの1つである Intel 社の Xeon Phi コ・プロセッサについては、内部のコアが一般のプロセッサコアと同等の機能を有するため、将来的にはホストとなるプロセッサを必要としない計算ノードの構築が可能となる見込みです。

1.3.3　スパコンの中にあるネットワーク

スパコンの内部には多くの計算ノードがあり、これらを互いに結び付けるノード間結合ネットワークが存在しています。ここでは、ノード間結合ネットワークの重要性やその必要性について説明します。

1.3.1 項で述べたように、スパコンが持つ大規模な計算資源は、多数の計算ノードという形で与えられます。そのため、大規模なシミュレーションでは、単一のプログラムが多くの計算ノードを占有して使用することになります。このとき、プログラムに記述された計算の内容によっては、各計算ノードが各々独立に計算を行えばよい場合もありますが、多くのアプリケーションでは、プログラム実行中に計算ノード間でデータを交換する必要が出てきます。たとえば、図 1.8 のような河川の流れに関するシミュレーションを2つの計算ノードで実行する場合について考えてみましょう。このようなシミュレーションでは、流域を上流域と下流域の2つに分け、それぞれを各計算ノードが

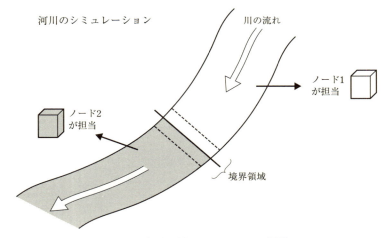

図 1.8 領域分割による流れの並列計算

担当する方法[3]がよく用いられます。ここで、各計算ノードがまったくデータをやりとりせずに計算を実行した場合、上流で起きた現象は下流にまったく反映されないことになります（たとえば、上流からどんぶらこ、どんぶらこと大きな桃が流れてきても、上流域を出た瞬間に桃が消え失せてしまうことになります）。このようなシミュレーションは直感的にも間違っていることがわかります。そこで、実際には図 1.8 の境界領域に関するデータを計算ノード間でやりとりすることになります。スパコンはこの計算ノード間のデータの送受信を高速に行う仕組み（ノード間結合ネットワーク）を備えており、それがスパコンの特徴の 1 つです。

では、なぜスパコンにおいてそのような高性能なノード間結合ネットワークが必要となるのか説明しましょう。これは、アプリケーションプログラムの実行においてノード間のデータのやりとりに長い時間を要すると、それがプログラムの実行時間を増加させ、最悪の場合には実行時間のほとんどがデータの送受信に費やされる結果となるためです。つまり、仮に高性能な計算ノードを多数用意できたとしても、これらのノード間結合ネットワークが非常に貧弱（低性能）である場合、アプリケーションにおいて高い実効演算性能を実

---

[3] このような並列計算手法は領域分割法と呼ばれます。

現することが困難となります。そこで、スパコンが提供する大きな計算資源をアプリケーションで有効に活用するためには、高性能なノード間結合ネットワークが必須となります。

1.3.4 スパコンの内部ネットワークに関する基礎知識

ノード間結合ネットワークを構成するハードウェア・ソフトウェアの詳細については、第2章以降にゆずることとし、ここではノード間結合ネットワークに関する基本的事項について説明します。

ノード間結合ネットワークには、市場で調達が可能な量産品（コモディティな機器）を用いる場合とスパコンベンダ（スパコンを開発・製作する企業）による独自の方式に基づいた機器を用いる場合の2通りの構成法があります。コモディティなネットワーク機器を用いる場合、家庭のホームネットワークとしてよく用いられる100 Mbpsの転送速度を持つファストイーサネット方式を用いるスパコンは現在ほとんどみられなくなりましたが、その10倍の性能を持つギガビットイーサネット方式を用いたスパコンは2013年11月のスパコンリスト上位500台のうち、135台を占めています。ギガビットイーサネットはオフィス等で広く用いられており、このような比較的身近なネットワーク機器でスパコンのノード間結合ネットワークを構成することが可能であることがわかります。なお、スパコンのノード間ネットワークとして最もよく用いられているコモディティな機器はInfinibandという規格に基づくもので、スパコンリスト上位500台のうち、そのおよそ40%で採用されています。筑波大学と京都大学のT2Kオープンスーパーコンピュータ[8, 9]や東京工業大学のTsubame2.0[68]はInfinibandに基づいた機器を使用しています。

一方、ハイエンドなスパコン（たとえば、世界のトップ10に入るスパコン）では、そのスパコンが有する巨大な演算能力に見合うノード間結合ネットワーク性能を実現するための方策として、少なくとも開発時点でコモディティではない規格や方式に基づくネットワーク機器を利用する場合があります。たとえば、国内最速のスパコンである京コンピュータや米国オークリッジ国立研究所のTitan（2013年11月時点で世界第2位）では、それぞれ富士通社のTofuインターコネクト[11, 12]、クレイ社のGeminiインターコネクト[13]

を使用しています。このようなノード間結合ネットワーク技術では、スパコン上の多くのアプリケーションに見られるデータ転送の特質を考慮することで、これらのアプリケーションにおける高い通信性能を実現しています。

1.3.5 スパコンにはケーブルのお化けがついている？

スパコンに求められるノード間結合ネットワークの性能について、もう少し詳しく説明します。一般にネットワークの性能を評価する指標として、**遅延とデータ転送速度（バンド幅）**があります。ここで、「遅延」とはある計算ノードが別の計算ノードに対してデータを要求した際に、要求してから最初のデータが届くまでの時間を表します。また、「転送速度」は、たとえば、2つの計算ノード間においてある程度まとまった量のデータを転送する際に、単位時間当たりに転送されたデータ量を表します。たとえば、ラーメン屋さんとラーメンの材料を保管する倉庫が少し離れた所にあるとします。ここで、ラーメン屋さんから倉庫に対して、キャベツを 1,000 個届けてくださいと依頼が出たとします。この場合、「遅延」とは依頼を出してから最初のキャベツが届くまでの時間により与えられます。一方、この例では次から次へとキャベツがラーメン屋さんに届くことになりますが、ここで 1 秒間に何個のキャベツが届くかが「転送速度」となります。ネットワークの性能としては、遅延が小さく、転送速度が大きい方が高性能となり、スパコンのノード間結合ネットワークとしてはどちらの要因も重要となります。

ここでは、まず遅延について考えてみましょう。ノード間のデータ転送に関する遅延は、これらの通信に関与するノード間の物理的な距離に大きく影響されます。したがって、低遅延なネットワークを実現するためには、なるべく計算ノード間の物理的な距離を小さくする必要があります。スパコンに関する議論の中では、大きなスパコンを作るのではなく、小さなスパコンを複数製作し、それをネットワークで結合する方がよいのではないかとの意見がしばしばあります。たとえば、10,000 台の計算ノードによるスパコンを構築する場合、1ヵ所にそのすべてを設置するのではなく、各 5,000 台を 2ヵ所、たとえば東京と大阪に設置する方がよいのではないかという意見です。しかし、このような場合には、アプリケーションが使用する計算ノードが東京

と大阪に跨ってしまった場合、データ通信において大きな遅延が発生することになります。この大きな遅延は、アプリケーションによっては致命的な性能低下を引き起こすことがあります。したがって、ノード間結合ネットワークにおける遅延のことだけを考えれば、計算ノードはなるべく物理的に集約されて設置されることが望ましいと言えます。

次に、転送速度について考えてみましょう。転送速度は使用されるネットワーク機器の性能や方式に依存しますが、ごく単純には計算ノードに接続されるケーブルの本数にも影響されます。ノード間結合ネットワークのケーブルには光ファイバや銅線が用いられますが、ケーブル1本当たりの転送速度には限界があります。そこで、転送速度を高めるために、各計算ノードに対して、複数のネットワークケーブルが接続されることも珍しくありません。また、スパコンでは非常に多くのノードが互いに接続され、数万ノードに及ぶこともあります。その結果、スパコンのシステムには非常に多くのケーブルが含まれることとなり、さながらケーブルのお化けのような様相を呈します。しかしながら、一般的にこのケーブルのお化けは床下配線となっている場合が多く、その全容を目にすることはあまりありません。ただし、現在のスパコンにはノード間結合ネットワークのための非常に多数のケーブルが含まれ、スパコン設置時においてこれらのケーブルの設置と接続に大きな労力を必要とするということはスパコンに関する基本的な知識の1つです [14]。

1.4 スパコンの実力診断テスト——ベンチマーク

1.4.1 世界一のスパコンってどのように決めるの？

さて、読者の皆さんは、しばしば日本のスパコンが世界一になったとか、世界2位になったというようなニュースを聞かれたことがあるのではないでしょうか？ 最近では、2013年の6月に中国のスパコン Tianhe-2（天河二号）が世界一になったという報道がありました。また、スパコンに関する「2位じゃだめなんでしょうか」という発言を記憶されている方も多いでしょう。しかしながら、そもそも世界1位、世界何位というのは何を基準にどのように決められるのか知っている人は少ないのではないでしょうか？ ここでは、

スパコンのランキングを含め、スパコンの計算速度の評価法について説明をしていきます。

1.1.5 項で、スパコンの速度を測る尺度として、「理論ピーク演算性能」とベンチマークにより計測する「実効演算性能」があることを説明しました。このうち、事実上のスパコン世界ランキングに利用されているのは、LINPACK [15] というベンチマークに基づいた実効演算性能となります。このスパコンランキングは年 2 回、6 月の ISC、11 月の SC という高性能計算に関する国際会議で公表されます。したがって、スパコンランキングに関するニュースは 6 月と 11 月に報道されることが多いことになります。

さて、1.4.6〜1.4.8 項で述べますが、LINPACK の他にも実効演算性能を計測するベンチマークは多数存在しており、その中には広く一般に活用されている著名なものもあります。しかしながら、上記で述べたように、スパコンの「世界一」とは **LINPACK** ベンチマークで世界最速であることを意味しており、これはオリンピックにおいて「人類最速の男」と言われれば、一般に男子 100 メートル走の金メダリストを思い浮かべることと似ています。しかし、100 メートル走と他のトラック競技において両者の価値に差はないのと同様に、他のベンチマークによる評価と LINPACK による評価は、その価値に本来大きな差はないはずです。しかし、メディアによる報道等において、LINPACK によるスパコンランキングのみが流布し、重要視されていることは留意すべき点です。実際、スパコンの専門家の間でも、LINPACK ベンチマークの結果のみが重要視される点は懸念材料とされています。これは、このような評価が行き過ぎると、LINPACK ベンチマークに特化したハードウェアやソフトウェアを持つスパコンが製作される可能性があるからです。簡単に言うと、LINPACK では好成績をあげることができるものの、実際のアプリケーションプログラムでは高い性能を実現できないマシンが作られてしまう危惧があります。このようなスパコンは、スパコンランキングで上位をとることはできますが、スパコン本来の役割を軽視しており、ベンチマークの目的とする所とは異なるものといえます。また、現在のスパコンにおける技術動向から、LINPACK ベンチマークの結果が必ずしも 1.2 節で述べたような応用分野におけるプログラムの実効演算性能を反映しておらず、新し

い評価法が必要であるという指摘もLINPACKベンチマークの提唱者から出ています[16]。したがって、スパコンの性能評価において、LINPACKベンチマークによる結果に敬意を払いつつ、その他の性能評価指標にも目を向けることが重要となります。読者の皆さんは、最も著名なスパコンランキングは「単一の」ベンチマークによって決められているものであり、他の評価法ではランキングの順位が変動しうることをぜひ覚えておいてください。

1.4.2　理論ピーク演算性能の算出法

ここでは、スパコンのカタログ性能といえる理論ピーク演算性能の算出法について説明します。スパコンの理論ピーク演算性能 P_total は、一般にコアの理論ピーク演算性能の総和として算出されます。即ち、コア単体の（倍精度）浮動小数点演算性能を P_core とし、スパコンが有するコアの総数を N_core とした場合、

$$P_\text{total} = P_\text{core} \times N_\text{core} \tag{1.1}$$

のように算出されます。たとえば、京コンピュータの場合、コア単体の演算性能が16 GFLOPSで、合計705,024個のコアを有するため、理論ピーク演算性能は $16 \times 705024 = 11280384\,\text{GFLOPS} \fallingdotseq 11.28\,\text{PFLOPS}$ となります。

次に、コア単体の浮動小数点演算性能 P_core の算出法について説明しましょう。読者の皆さんの中にもプロセッサ (CPU) のカタログ中に**クロック周波数**という数値があり、この値が大きいほど高性能であることをご存じの方が多いのではないでしょうか。プロセッサの各コアはクロックサイクル時間と呼ばれる時間を単位として、処理を行っていきます。1秒間が何回分のクロックサイクル時間に相当するかを表したものがクロック周波数です。つまり、1秒間にクロック周波数回分の処理を各コアが行うことができます。したがって、一般にクロック周波数が高いほど、コアやプロセッサの性能は高くなります。しかしながら、コアやプロセッサの浮動小数点演算性能を比較する場合、必ずしもクロック周波数が高い方が性能が高いとは限りません。これは、プロセッサ（コア）の種別により、1サイクルに実行できる浮動小数点演算の回数が異なるためです。つまり、コア単体の浮動小数点演算性能：P_core が

コアのクロック周波数 f と 1 回のクロックサイクル時間に実行できる浮動小数点演算の回数 N_{FLOP} の積として、

$$P_{\text{core}} = f \times N_{\text{FLOP}} \tag{1.2}$$

のように算出されるためです。

たとえば、京コンピュータで使用されている富士通製の SPARC64 VIIIfx [17] というプロセッサの場合、各コアのクロック周波数は 2 GHz であり、1 サイクルで 8 回の倍精度浮動小数点演算が可能なため、$P_{\text{core}} = 2 \times 8 = 16\,\text{GFLOPS}$ となります。SPARC64 VIIIfx プロセッサは 8 コアを有しており、1 基のプロセッサが持つ演算性能は $16 \times 8 = 128\,\text{GFLOPS}$ となります。また、京都大学学術情報メディアセンターのスパコンである Appro（現クレイ）社 GreenBlade 8000 で使用されている Intel 社の Xeon E5-2670 プロセッサの場合、クロック周波数は 2.6 GHz で、1 サイクル中に 8 回の倍精度浮動小数点演算が可能なため、コア当たりの演算性能は $2.6 \times 8 = 20.8\,\text{GFLOPS}$ となります。

次に、スパコンが GPU 等のアクセラレータを含む場合の理論ピーク演算性能の算出法について説明しましょう。この場合、スパコン全体の理論ピーク演算性能はホストである CPU とアクセラレータのそれぞれの理論ピーク演算性能の総和により与えられます。即ち、

$$P_{\text{total}(+\text{acc})} = P_{\text{cpu}} + P_{\text{acc}} \tag{1.3}$$

P_{cpu}: ホスト CPU の理論ピーク演算性能の総和

P_{acc}: アクセラレータの理論ピーク演算性能の総和

のように算出されます。ここで、P_{cpu} は上記のアクセラレータを含まない場合の総演算性能と同様に算出されます。また、アクセラレータの寄与分 P_{acc} については、単体のアクセラレータの性能にその個数を乗じたもので与えられます。たとえば、前述の Titan の理論ピーク演算性能は以下のように算出されます。

まず、ホストとなる CPU の性能については、コアの総数が 299,008 個で、コア単体当たりの性能は $2.2\,\text{GHz} \times 4\,\text{FLOPS} = 8.8\,\text{GFLOPS}$ となるため、

合計で約 2.63 PFLOPS となります[4]。一方、アクセラレータについては、NVIDIA 社製の Tesla K20X という GPU を 18,688 個備えています。この GPU1 個当たりの倍精度浮動小数点演算性能は 1.31 TFLOPS であるため、アクセラレータの演算性能の総和は約 24.48 PFLOPS[5]となります。したがって、Titan 全体の理論ピーク演算性能は、約 27.1 PFLOPS[6]と算出されます。

スパコンの理論ピーク演算性能は上記のように算出されますが、大規模なシステムではコア数が多く、計算が煩雑になりがちです。一方、1.3.1 項で述べたように、多くのスパコンは計算ノードに基づいた構成を持っています。そこで、各ノードのハードウェア構成が同じ場合には、ノード単位に理論ピーク演算性能を算出し、その値にノード数を乗じてスパコン全体の理論ピーク演算性能を算出する方法が便利です。この場合、各ノードの理論ピーク演算性能は、ノード内に含まれるコアの演算性能の総和で与えられ、ノード内にアクセラレータが含まれる場合にはその演算性能が加えられます。先ほどの Titan の例では、ノード当たりの理論ピーク演算性能は CPU 部が 140.8 GFLOPS、GPU 部が 1.31 TFLOPS で合計約 1.45 TFLOPS となります。総ノード数は 18,688 台であるため、全体の理論ピーク演算性能は 18688×1.45 TFLOPS $\fallingdotseq$ 27.1 PFLOPS となります。

1.4.3　スパコンランキングを決める LINPACK ベンチマーク

1.4.1 項で述べたように、スパコンのランキングは、事実上 LINPACK というベンチマークの結果により決まります。ここでは、この LINPACK ベンチマークの詳細について説明します。LINPACK はテネシー大学のドンガラ (J. Dongarra) 氏らによって提案されたベンチマークで、その内容は密行列を係数とする連立 1 次方程式を解くプログラムとなっています。LINPACK ベンチマークのプログラムは、http://www.netlib.org/benchmark/hpl/ というサイトにおいて HPL (High-Performance Linpack) というパッケージと

---

[4]　8.8 GFLOPS $\times 299008 \fallingdotseq 2.63$ PFLOPS。
[5]　1.31 TFLOPS $\times 18688 \fallingdotseq 24.48$ PFLOPS。
[6]　$2.63 + 24.48 \fallingdotseq 27.1$。

表 1.1　2013 年 11 月のスパコンランキング（**TOP500** より）

Rank	Name	Country	$R_{\max}$	R_{peak}	Efficiency	$N_{\max}$
1	Tianhe-2	China	33.86	54.90	61.7%	9960000
2	Titan	US	17.59	27.11	64.9%	-
3	Sequoia	US	17.17	20.13	85.3%	-
4	K computer	Japan	10.51	11.28	93.2%	11870208
5	Mira	US	8.59	10.07	85.3%	-
6	Piz Daint	Switzerland	6.27	7.79	80.5%	4128768
7	Stampede	US	5.17	8.52	60.7%	3875000
8	JUQUEEN	Germany	5.01	5.87	85.3%	-
9	Vulcan	US	4.29	5.03	85.3%	-
10	SuperMUC	Germany	2.90	3.19	91.0%	5201920

して入手することができます。プロセス間通信のための MPI ライブラリと BLAS と呼ばれる行列、ベクトルに関する基本演算ライブラリを用意すれば、LINPACK ベンチマークを実行することが可能となります。ただし、スパコンランキングに使用される性能値は必ずしも上記のプログラムを利用したものではありません。

　LINPACK ベンチマークでは、スパコンランキングに使用される性能値を報告する場合、ベンチマークで解かれる連立 1 次方程式の元数 n は実行者が自由に定めてよく、またプログラムも使用する計算機に合わせて最適化してよいこととなっています。したがって、同一のスパコンであっても使用するプログラムによって LINPACK の性能値が変化するため、ランキングにおいてより高い順位を狙うために、しばしば非常に高度なチューニングが行われます [18]。

　LINPACK によるスパコンランキングは 500 位までのスパコンが公表されることから TOP500 と呼ばれています。http://www.top500.org/ にはこの TOP500 ランキングに関する様々な情報が掲載されており、半年ごとのリストをダウンロードすることができます（表 1.1 参照）。ここで、ランキングリスト中に掲載されているいくつかの指標について説明しましょう。まず、$R_{\max}$ と表記されている値が LINPACK ベンチマークにおいて得られた性能値 (PFLOPS) を表します。次に、R_{peak} は当該スパコンの理論ピーク演算性能 (PFLOPS) を表します。また、Efficiency は $R_{\max}$ を R_{peak} で除した値で、この値が高いほど LINPACK ベンチマークにおいて高いレベルでシス

テムの性能を引き出せていることを示します[7]。Efficiency の値が 90% を超えているような場合、計測に用いられたプログラムはもうそれ以上チューニングの余地がほとんどないほどに最適化されていると考えられます。ただし、システムのハードウェア構成によってはチューニングにより Efficiency の値を高めることが難しい場合もあります。

次に $N_{\max}$ はベンチマークに使用した連立 1 次方程式の元数 n を表します。現在のリストをみると、$N_{\max}$ の値は総じて非常に大きな値となっています。これは、LINPACK ベンチマークのプログラムの性質として、元数 n が大きいほど通信量に対する演算量の比率が拡大し、ノード間通信に要するオーバーヘッドの影響が小さくなり、性能 (FLOPS) 値の計測上有利となるためです。したがって、ベンチマークの実行者はスパコンのメモリを最大限利用してなるべく n の値を大きく設定しようと試みます。しかし、現在のハイエンドなスパコンではこの n の値を大きくした場合に別の問題が生ずる可能性があります。

連立 1 次方程式の元数 n を大きくすると、ベンチマークにおける演算量は n の 3 乗に比例して増加するため、計算時間が長くなります。この場合、数十万コアを有する大規模なシステムでは、コアやプロセッサがベンチマークの実行中に故障する可能性が無視できないほどに高くなります。仮に単体のコアが 10 年に一度だけ故障するとしましょう。それでも、システムが 50 万個のコアを有していた場合、平均すると約 10 分ごとに 1 個のコアが故障することになります。アプリケーションでは、コアの故障を考慮に入れたプログラムを作成することも可能ですが、ランキング上でしのぎを削る LINPACK の計測では、コアやその他のコンポーネントの故障は致命的です。そこで、コンポーネントの故障率や性能への影響などを総合的に勘案し、連立 1 次方程式の元数は定められます。しかし、どれだけ元数を適切に設定しても故障する確率は 0 ではないため、LINPACK ベンチマークの実行者は「故障してくれるなよ」と願いながらプログラムの実行を見守っているかもしれません。

---

[7] Efficiency の値は 2013 年 6 月までのリストには記載がありましたが、2013 年 11 月のリストには掲載がありませんでした。

1.4.4　スパコンではメモリの性能も大事

　ここで、計算機やスパコンのメモリの評価について考えてみましょう。皆さんは、計算機のメモリを評価してくださいと尋ねられたとき、何を思い浮かべられるでしょうか？　やはり、メモリの容量、つまり、計算機が備えるメモリが多いか少ないかでしょうか？　確かに、スパコンの評価においても、システム全体や各計算ノードに搭載されているメモリ量は、そのスパコンや1ノードで計算できる最大の解析規模を決めるため、重要な評価項目の1つとなります。しかし、スパコンの場合、その他にもアプリケーションの実行速度に大きな影響を与える重要な「性能」項目があります。本項では、メモリの「性能」について説明することにしましょう。

　メモリは図1.7のようにプロセッサにバス等で接続され、プロセッサで行う計算に必要なデータや計算結果を保持する機器です。計算の過程では、メモリとプロセッサの間で頻繁にデータがやりとりされます。ここで、メモリの性能を表す指標として、1.3.5項のノード間結合ネットワークと同じく、遅延と（メモリ）バンド幅があります。プロセッサがメモリに対してデータを要求してからデータが届くまでに必要な時間が遅延となります。一方、バンド幅はプロセッサからある程度まとまった量のデータをメモリに読み書きした際に、単位時間当たりに転送されたデータ量を表します。

　身近な例に置き換えて考えてみましょう。たくさんの書棚が並んだ大きな図書館を思い浮かべてください。図書館全体がメモリを表し、書棚の本がメモリに保持されるデータを表します。ここで図書館の司書さんにお願いして、どこかの書棚にある本を1冊持ってきてもらうことにしましょう。この場合、この1冊の本を持ってきてもらうのに要した時間が遅延となります。あちこちの書棚に散在するいくつかの本を持ってきてもらう場合には、この「遅延」の大きさが作業時間に大きな影響を与えます。一方、(実際の図書館では考えにくい想定ですが)、ある本棚にある本を丸ごとすべて持ってきてくださいとお願いすることを考えます。この場合、単位時間に何冊持ってこられるかという値がバンド幅となります。

　どうしてメモリの「性能」がアプリケーションにおいて重要なのでしょう

か？　これは、ある種のアプリケーションでは、メモリとプロセッサ間のデータ転送量に比べて計算量が少なく、この場合プロセッサは頻繁にデータ待ち状態に陥るからです。このようなアプリケーションの実行速度は、プロセッサやコアの演算性能ではなく、メモリの性能、たとえばメモリバンド幅によって決まってしまいます。

　先ほどの例で考えてみましょう。プロセッサをあなたに置き換えて、あなたがすることは非常に軽微な仕事、たとえば手元に持ってきてもらった本の表紙に丸印をつけることとしましょう。本棚にあるすべての本に丸印をつけた上で、本棚に戻す作業を考えた場合、全体の作業時間は何で決まるでしょうか？　あなたは手元に本が来たら直ちに丸印をつけることができます。一方、仮に司書さんが1人で台車のような道具を一切使わずに作業するとしたらどうでしょう。きっと作業時間のほとんどは、司書さんが本を持ってきたり、片づけたりするのを待つ時間に費やされるでしょう。この場合、全体の作業時間は、あなたが1分間に（本当は）何冊の本に印をつけられるかにはほとんど無関係で、司書さんが1分間に何冊の本を運ぶことができるかで決まります。つまり、どんなに高性能なプロセッサを備えていても、メモリの性能が低い場合には、アプリケーションの特性次第ではその能力を発揮できず、宝の持ち腐れになってしまうということです。

　実はスパコンのアプリケーションには、上記の例で示したようなプロセッサが行う演算の量に比べて、メモリとプロセッサ間のデータ転送量が相対的に大きいものが少なくありません。たとえば、気象シミュレーションや流体シミュレーション、構造解析等ではこのような性質を持つプログラムが多く見られます。したがって、スパコンには高い演算性能だけでなく、その性能を如何なく発揮するために、高いメモリ性能を持つことも要求されます。

1.4.5　メモリ性能、通信性能を計測するベンチマーク

　前項および1.3.5項で述べたように、スパコンにおいてメモリやノード間結合ネットワークの性能は重要な評価項目となります。そこで、これらの評価を行うベンチマークプログラムを2つ紹介しましょう。

　まず、メモリバンド幅を計測するベンチマークとして一般的によく使用さ

れるものとして、STREAM ベンチマークがあります。ベンチマークプログラムは http://www.cs.virginia.edu/stream/ に公開されており、登録されたマシンの結果も閲覧することができます。このベンチマークは非常に大きなサイズを持つ配列に関するコピーや単純な演算によって構成されており、実効的なメモリのデータロード/ストア性能（メモリバンド幅）を計測することができます。

実はメモリに関しても、プロセッサの理論ピーク演算性能に相当する理論的なバンド幅性能値が存在します。この値は、メモリの動作周波数に 1 回のサイクルに転送可能なデータ量を乗じて計算される値で、GB/秒のような単位で表されます。この理論的なバンド幅性能値に対して、STREAM ベンチマークで計測される値は、実際のプログラムで実現された実効的なメモリバンド幅の値を表します。

次に、スパコンのノード間結合ネットワークの性能測定については、よく知られているベンチマークとして Intel 社の MPI ベンチマーク [19] があります。1.3.3 項で述べたように、スパコンの性能を十分に活用するためには複数の計算ノードを利用し、計算ノード間でデータをやりとり（送受信）する必要があります。1.2 節で紹介したスパコンを利用した科学技術計算では、このデータ送受信のために MPI (Message Passing Interface) ライブラリ（3.2.5 項参照）を利用することが一般的です。MPI ライブラリには、様々な通信形態に対応した関数が用意されており、たとえばある計算ノードからデータを送信し、別の計算ノードがそれを受信するといった 1 対 1 通信やある計算ノードから複数の計算ノードに対して同じデータを一斉送信する等の集合通信を実現することができます。MPI ライブラリを利用することにより、並列プログラムにおいて必要となる通信に関する記述をより簡単に行うことができます。

Intel MPI ベンチマークは MPI ライブラリに含まれる通信関数 [20] を用いたプログラムにより構成されます。たとえば、このベンチマークに含まれる Ping Pong ベンチマークでは、図 1.9 のように、ある計算ノード A から別の計算ノード B にデータを送信し、その後 B から A にデータを送信します。これらの一連のデータ送受信に要した時間を t 秒とし、通信に用いたデータサイズを x MB とした場合、計算ノード間のネットワークバンド幅（MB/

1.4 スパコンの実力診断テスト——ベンチマーク

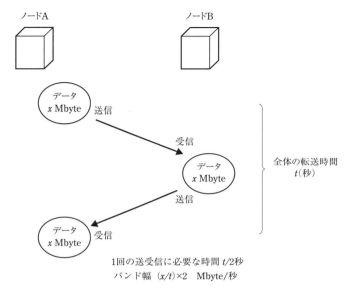

図 1.9 MPI Ping Pong ベンチマーク

表 1.2 MPI ベンチマークで評価される主な通信パターン

Sendrecv	複数ノードによる仮想的なリングを考え、隣接ノード間で送受信を行う
Bcast	特定のノードが持つデータを複数のノードに（コピー）配信する
Scatter	特定のノードが持つデータを複数のノードに分配する
Gather	複数ノードに分散しているデータを特定のノードに集める
Alltoall	複数のノードに分散しているデータを異なるデータ配置に再分散する

秒）は $(x/t) \times 2$ の式で算出されます。Intel MPI ベンチマークで計測される主な通信パターンを表 1.2 に示します。

ここで、重要な注意点が1つあります。この MPI ベンチマークによる性能測定では、ノード間結合ネットワークのハードウェア性能はもちろん、これらの通信ハードウェアの動作に必要なソフトウェアの性能も測定結果に影響を与えます。しかし、それだけではなく、MPI ライブラリの性能もベンチマークの結果に影響を及ぼします。MPI ライブラリには複数の実装が存在しており、いずれもなんらかの MPI の規格に準拠し、同等の機能を備えていますが、その性能は同一ではありません。つまり、同一のスパコン上で同一の MPI ベンチマークプログラムを動作させた場合においても、その実行に用い

るMPIライブラリが異なる場合には、その性能値は異なったものとなります。したがって、MPIベンチマークによる性能評価では、MPIライブラリの性能が加味された上でノード間結合ネットワークの性能が評価されていることに注意する必要があります。

1.4.6　NAS Parallel ベンチマーク（アプリケーションに基づくベンチマーク）

これまでに紹介したベンチマークは、強いて言えば、プロセッサの演算性能等の計算機やスパコンの基本性能を測るもので、それ自体がアプリケーションプログラムの大きな構成要素として現れることはほとんどありません。アプリケーションプログラムはこれらのベンチマークプログラムと比べて複雑な構造を持っており、その性能は演算性能、メモリバンド幅、ノード間結合ネットワーク性能等が複合的に影響して定まります。したがって、各アプリケーション分野では、評価対象となる計算機（スパコン）で自身のアプリケーションプログラムがどのような実効性能を有するのか、より詳細に見積もりたいという要求が生じます。そこで、アプリケーション分野において頻出する計算手順をいくつか抽出し、これをベンチマークプログラムとして活用することが行われます。特に、プログラムにおいて実行時間の大部分を占める箇所（計算手順）は**ホットスポット**や**計算核**と呼ばれ、ベンチマークとしての利用に適しています。このようなアプリケーション分野のプログラムや解法から導き出されたベンチマークとして著名なものにNAS Parallel ベンチマークがあります。

NAS Parallel ベンチマーク（略してNPB）はNASA（アメリカ航空宇宙局）が開発したベンチマークで、現在はNASAのAdvanced Supercomputing Divisionが維持管理を行っています。このベンチマークは航空・宇宙分野の流体シミュレーション（数値計算力学、Computational Fluid Dynamics）に基づいており、ベンチマーク名のNASは、当初Numerical Aerodynamic Simulation（数値航空力学シミュレーション）に由来していました。NPBの初期バージョンであるNPB 1は流体シミュレーションにおいて現れる重要な5つの計算核（表1.3）と3つの疑似的な流体シミュレーションプログラムからなっています。

表 1.3　**NAS Parallel** ベンチマーク **(NPB1)** に含まれる **5** つの計算核

ベンチマーク名	ベンチマークの内容
MG (Multigrid)	離散化された3次元ポアソン方程式のマルチグリッド法による求解
CG (Conjugate Gradient)	共役勾配 (CG) 法を使った，正値対称な疎行列に対する逆べき乗法
FT (Fast Fourier Transform)	高速フーリエ変換による偏微分方程式の求解
IS (Integer Sort)	大規模な整数ソート
EP (Embarrassingly Parallel)	乱数の生成

たとえば，NPB 1 に含まれている MG（Multigrid：マルチグリッド）ベンチマークで対象となっている3次元ポアソン方程式は，流体シミュレーションの多くで解かれる方程式で，この方程式を差分法で解く場合，マルチグリッド法は有力な解法となります [21]。このベンチマークプログラムには，近接する計算ノードに関する通信と互いに離れて位置する計算ノード間の通信の双方が含まれます。つまり，計算ノード間結合ネットワークの性能は，アプリケーション中に実際に生ずる通信パターンに基づいて評価されることになります。このように，NPB では，プロセッサやメモリの性能を含めて，よりアプリケーションの実体に近い状況でのスパコン（計算機）の評価が行われることとなります。また，マルチグリッド法は計算流体力学以外の分野，たとえば電磁場解析等でも用いられるため，本ベンチマークの結果は幅広い科学技術アプリケーションの研究者・技術者にとって意味のあるものとなります。

現在，NPB のバージョンは NPB 3.3 まで進んでおり，並列 I/O（ファイル入出力）等の新しいベンチマークの追加や MPI 等を用いた並列プログラムによる参照実装の提供がなされています（参照実装のプログラムは https://www.nas.nasa.gov/cgi-bin/software/start からダウンロード可能）。このような取り組みの結果，現在 NPB は既存のスパコンや計算機の性能評価だけではなく，新しく研究開発した処理系やシステムソフトウェアの評価にもよく用いられています。

1.4.7　日本発のベンチマーク

これまでに紹介したベンチマークは主にアメリカを中心として開発されたものですが，ここで日本発のベンチマークを紹介しましょう。日本発のベンチ

マークプログラムとして最も有名なものは理化学研究所の姫野龍太郎氏による「姫野ベンチマーク」(略して姫野ベンチ) です。このベンチマークは NPB 同様に流体シミュレーションの性能評価のために考案されたもので、NPB の MG と同様に離散化されたポアソン方程式の求解を対象としています。ただし、姫野ベンチの場合にはヤコビ法により求解を行います。現在、姫野ベンチのプログラムは http://accc.riken.jp/2427.htm からダウンロードが可能となっており、MPI 等を用いた並列化されたプログラムが利用可能です。姫野ベンチもアプリケーションから抽出されたベンチマークの 1 つということができ、現在では NPB 同様に計算機の評価だけでなく、システムソフトウェアの評価に使われることも多く見られます。

また、その他の日本発のベンチマークの例として、後述する HPC Challenge ベンチマークの 1 つである FFT (高速フーリエ変換) ベンチマークに、本書の執筆者の 1 人である高橋の FFTE プログラムが採用されていることが挙げられます。

1.4.8 その他のベンチマーク

上記に紹介したベンチマークの他にも、よく知られたベンチマークが存在しています。ここにいくつか簡単に紹介します。

HPC Challenge ベンチマークは、LINPACK だけでなく、より総合的にスパコン等の高性能な計算機システムを評価する目的で作られたベンチマークセットです。同セットには、上記で述べた HPL (High Performance LINPACK) や STREAM、FFT に DGEMM (行列積)、PTRANS (並列行列転置)、RandomAccess (ランダムなメモリ更新)、Communication bandwidth and latency (多様な通信パターンを使った通信性能評価) を加えた 7 種のプログラムが含まれます。なお、この HPC Challenge ベンチマークに関連したコンペティション (HPC Challenge Award Competition) [22] が毎年 11 月の国際会議 (SC: Supercomputing Conference) 期間中に開催され、2011 年には日本の京コンピュータがクラス 1 というカテゴリの全 4 部門で 1 位となっています。

SPECint や SPECfp は国内のスパコンの調達等で用いられてきた著名な

ベンチマークです。これらのベンチマークは The Standard Performance Evaluation Corporation (SPEC) という非営利の法人によって運営されています。SPECint や SPECfp はともに SPEC CPU と呼ばれるベンチマークセットに含まれ、それぞれプロセッサの整数演算性能や浮動小数点演算性能を評価します。SPEC ではこの他にも、SPEC MPI や SPEC OMP といった、並列処理プログラムによるベンチマークを提供しています。

また、この他にも古くから知られているベンチマークとして、米国のローレンスリバモア国立研究所で行われていた科学技術計算に基づく Livermore loops があります。

1.5 スパコンを動かすために必要なものとは？

1.3 節では、主にスパコンを構成するハードウェアについて説明しました。しかし、ハードウェアがあるだけでは、大きな箱が並んでいるだけで、スパコンとして利用することはできません。そこで、ここではスパコンを動作させるために必要な「もの」について説明します。

1.5.1 スパコンに必要なソフトウェア

(a) OS（オペレーティングシステム）

読者の皆様も OS という言葉や OS の 1 つである Windows あるいは Linux という言葉をこれまでに聞かれたことがあると思います。オペレーティングシステム (OS) は基本ソフトウェアとも呼ばれ、計算機のハードウェアを管理するソフトウェアです。OS の詳細を説明することは本書の目的から外れますので、ここではごく簡単な説明に留めます。OS は、プロセスと呼ばれる計算機で行われる処理の管理やメモリとプロセッサ間のデータのやりとり、ファイルの入出力やその管理などの仕事を担当します。ユーザから見た場合、計算機に関するほぼすべての処理がこの OS というソフトウェアを介して行われます。スパコンも計算機の一種ですから、スパコンのハードウェアを動かすために OS が必要となります。1.3.1 項で述べたノードクラスタ型のスパコンの場合、各計算ノードに対して OS がインストールされ、利用されます。

スパコンで利用される OS には様々な種類があります。PC クラスタ型のスパコンでは、多くの場合 Linux が使用されます。また、Linux や Linux に基づく OS は世界のスパコンで支配的な状況にあります。2013 年 11 月のスパコンリストでは上位 500 のシステム中、実に 482（95%以上）のシステムが Linux 系の OS を使用しています。

(b) コンパイラ、言語処理系

計算機上で何らかのアプリケーションを実行する場合、その処理を記述するプログラムは人間にとってわかりやすい言語（高水準言語）によって記述される場合がほとんどです。そこで、これらの言語によって書かれたプログラムを機械である計算機が"機械の言葉：機械語"として理解し、処理するための仲立ちをするソフトウェアが必要となります。コンパイラは、このような高水準言語によるプログラムを機械語のプログラムに翻訳する処理を行うソフトウェアです。スパコン上で動作させるプログラムの多くは、Fortran や C 言語によって記述されるため、スパコンシステムには Fortran や C のコンパイラ（処理系）が必要となります。また、近年では、大規模なシミュレーションプログラムの開発・管理に要するコストや多様な計算機環境での実行を考慮し、C++や Java といったオブジェクト指向言語で記述されたプログラムをスパコン上で動作させたいという需要も出てきています。そこで、これらのプログラムに対応する言語処理系を備えたシステムも増えています。

さて、大きな計算リソースを要求するスパコン向けのプログラムは、なるべく高速であることが望ましいですが、最終的にスパコン上で実行されるのはコンパイラが生成した機械語による実行ファイルであることは注意すべき点です。つまり、ある言語に対するコンパイラが複数存在している場合、同一のユーザプログラムに対して各々のコンパイラが生成する実行ファイルは別物であり、その性能は異なるということに注意が必要です（図 1.10）。どのような問題が生じうるか例を挙げて説明しましょう。

実行計算機のプロセッサが 1 クロックサイクルの間に 2 つの加算を同時に行うことができるものとし、a+b+c+d の処理をすることを考えます。ここで、仮にコンパイラがプロセッサの機能を十分に理解していない場合、a に対して、順に b、c、d を加えるという"機械語"のプログラムが生成されるこ

1.5 スパコンを動かすために必要なものとは？　　37

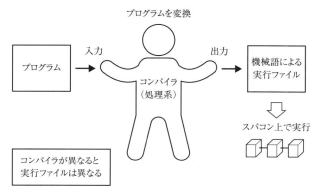

図 1.10　コンパイラの役割

とになります。この場合、全体の処理に3サイクルを要することになります。一方、コンパイラがプロセッサの持つ2つの加算を同時に行う機構を理解していた場合、a+b と c+d を同時に行い、その結果を足し合わせるという機械語プログラムを生成することができ、この場合同一の処理が2サイクルで終了することになります。このように、コンパイラが対象とするプロセッサの特性等を考慮して、なるべく実行時間や使用メモリ量が少なくなる実行ファイルを生成することを**コンパイラ最適化**と呼びます。現在では、プロセッサが持つ演算機構は複雑化しており、このコンパイラ最適化の性能が最終的なアプリケーションの実行性能に与える影響は少なくありません。したがって、スパコンで用いるコンパイラには高度な最適化機能を持つことが期待され、ハイエンドのスパコンでは当該のスパコンに合わせた最適化機能を持つコンパイラが提供されることもあります。

　スパコンで用いるコンパイラに求められるもう1つの重要な要素が並列処理のサポートです。1.3節で述べたように、現在のスパコンは複数の計算ノードにより構成され、1つの計算ノードの中にも複数のコアがあります。スパコンの性能を十分に引き出すためには、これらの複数のノードやコアを並列処理によって活用する必要があります。ここで、多くのコンパイラがサポートする計算ノード内の複数コアを使った並列処理に、自動並列化と OpenMP があります。自動並列化は、Fortran や C 言語で書かれた単一コア用の逐次プログラムにおいて、並列実行可能な部分を自動的に抽出し、並列化するコン

パイラの機能です。コンパイラによる自動並列化はプログラマにとって最も容易な並列化手法となりますが、一般にその並列化の範囲は限定的なものとなります。これは、コンパイラによる自動並列化では、微視的にプログラムの各部について並列化が可能かどうか判定することはできても、プログラムの全体を眺めて大きな単位で並列処理をすることが難しいためです。そこで、より高い性能を実現するためには、プログラマが明示的に各コアが行う処理を記述する必要性がでてきます。OpenMPはこうしたプログラムの要望に応えるコンパイラがもつ機能 (Application Program Interface) です。OpenMPを用いた並列化では、プログラマはプログラム中に指示行と呼ばれる並列処理に関する命令を追加します。逐次実行の場合にはこれらの指示は無視されますが、並列実行の場合には、これらの指示に従って、処理が複数のコアで並列に実行されます。OpenMPは共有メモリ型の並列計算機や計算ノード内の並列処理手法として広く使われているため、スパコンで利用するコンパイラにおけるOpenMPのサポートは必須であるといえます。OpenMPについてはより詳しい説明を第3章で行います。

次に、スパコンにおける複数の計算ノードを使った並列処理では、各ノードの処理やノード間の通信処理についてプログラマが明示的に記述するMPIを用いたプログラミングスタイルが一般的です。しかし、このようなプログラミングスタイルはプログラマにとって必ずしも容易なものではありません。また、将来的にはスパコンが何十万といった数のノードを有することも考えられ、これらの莫大な数の計算ノード間の通信を正しく記述することは極めて困難な作業となる可能性があります。そこで、複数のノードにまたがるメモリ領域をあたかも1つのメモリ領域として利用することを可能とする技術やより簡単な並列プログラミングを実現する言語処理系の研究が行われています。たとえば、Unified Parallel C (UPC) [23]、Chapel [24]、X10 [25]、XcalableMP [26] といった言語が知られています。現時点ではまだ主流とはいえませんが、今後スパコン上のプログラミングにおいてこうした並列処理言語の使用が増えていく可能性があります。

(c) ライブラリ

ライブラリとは、多くのユーザが利用する汎用的な機能を実現するプログ

ラムの集合体で、ユーザ自身のプログラムから関数やサブルーチンを呼び出す形で使用されます。たとえば、1.4.5 項や本項で述べた計算ノード間のデータ通信をサポートする MPI ライブラリはスパコンのアプリケーションにおいて不可欠なものです。MPI ライブラリには、スパコンのベンダが提供しているライブラリの他、MPICH [27]、OpenMPI [28]、MVAPICH [29] などの実装が知られています。

　スパコンで使用されるその他のライブラリとして重要なものに数値計算ライブラリがあります。数値計算ライブラリは、スパコンのアプリケーションにおいてよく使用される行列計算や数値積分等、数値データに関する処理をサポートするライブラリです。ここでは、いくつかの代表的な数値計算ライブラリについて紹介しましょう。

　BLAS (Basic Linear Algebra Subprograms) ライブラリ [30] は、ベクトルと行列に関する基本的な操作、たとえば、ベクトル同士の内積や行列ベクトル積、行列・行列積などをサポートしています。BLAS ライブラリはスパコンに必ず実装されているライブラリといってよく、そのライブラリは高度にチューニングされています。また、後藤和茂氏の手による GotoBLAS [31] や自動的にチューニングされた BLAS 実装を生成する ATLAS（ウェイリー：R. Clint Whaley 氏）[32] も高性能な BLAS の実装としてよく知られています。このような BLAS ライブラリが生み出す実効性能は、一般のプログラマが容易に実現できるものではありません。したがって、BLAS ライブラリはスパコン上で動作する多くのプログラムや後述する他の数値計算ライブラリの内部でも利用されています。また、BLAS のルーチンは 1.4.1 項で述べた LINPACK ベンチマークの中でも使用されるため、その性能はスパコンのランキングにも影響を与えます。これらのことから、スパコンにおいて高性能な BLAS ライブラリが必要とされることがわかります。

　LAPACK (Linear Algebra PACKage) [33] はアメリカで開発された数値線形代数に関するライブラリです。その主な機能は、連立 1 次方程式の求解、固有値・特異値の計算、最小 2 乗問題の求解、行列の分解（LU 分解、QR 分解等）です。LAPACK は歴史の長いライブラリで多くのシミュレーションプログラムで活用されてきた実績があります。そこで、スパコンベンダの多

くは自らのスパコンに合わせてチューニングされたLAPACKのライブラリを提供しています。したがって、ユーザはLAPACKを利用したプログラムを書くことにより、複数の異なるマシン上で高い性能を得ることができます。

　LAPACKは主に密行列や帯行列を対象としたルーチンを提供していますが、スパコン等の計算機によるシミュレーションでは疎行列と呼ばれる、行列要素のほとんどが0である行列を扱うことがよくあります。こうした疎行列を係数とする連立1次方程式の求解には、反復法や特殊な直接解法が用いられます。このような疎行列による計算を対象としたライブラリは多数存在しており、たとえば、PETSc [34] や Hypre [35]、MUMPS [36] 等が有名です。また、疎行列計算は産業応用上の解析において必要とされることが多いため、高速化や高性能化への要求が大きく、ソフトウェアベンダが最新の解法に基づくルーチンを販売している例もあります [37, 38]。その他にも、数値計算ライブラリとして、高速フーリエ変換 (FFT) や乱数の生成、多倍長計算、グラフ分割といった機能を有するライブラリが存在し、多くのシミュレーションで活用されています。また、実際のシミュレーションでは、プログラムから生じたデータに関するファイルの入出力や得られたデータの可視化処理が必要となり、こうした処理をサポートするライブラリも存在しています。

　利用者の立場でいえば、多様な機能を備えた統合化された数値計算ライブラリとして、Intel 社の MKL (Math Kernel Library) [39]、NAG 社の NAG ライブラリ [40]、RGS 社の IMSL ライブラリ [41] 等が利用可能であり、スパコンベンダ提供の統合化ライブラリ、たとえば富士通社の SSLII ライブラリ [42] 等も使用することができます。また、しばしばこれらの統合化ライブラリの構成要素にもなる特定の計算、解法、問題を対象としたライブラリやルーチンは多数存在しています（表 1.4 参照）。これらのライブラリの中には、GPU などの最新の計算機環境をサポートするものや高性能計算・応用数学の最先端の研究成果を取り入れたものがあります。スパコンを使ったシミュレーションプログラムにおいて、性能や他の環境への移植のしやすさの点からこのようなライブラリを活用することは重要であり、また逆に高性能なライブラリを開発することはスパコンや計算機工学における重要な課題であるといえます。

表 1.4　各種ライブラリとその機能

ライブラリ名	ライブラリの機能
PETSc [34]	連立 1 次方程式の反復解法等、計算科学プログラムのための各種ルーチン
Hypre [35]	疎行列を係数とする連立 1 次方程式の反復解法、前処理
Trilinos [43]	マルチフィジックスシミュレーションや計算科学プログラムのためのソフトウェアフレームワーク（各種の線形反復法ルーチン等を含む）
Lis [44]	線形反復法、固有値ソルバ
MAGMA [45]	ヘテロジニアス環境に対応した密行列計算
MUMPS [36]	疎行列を係数とする連立 1 次方程式の直接解法
PARDISO [46]	疎行列を係数とする連立 1 次方程式の直接解法
SuperLU [47]	疎行列を係数とする連立 1 次方程式の直接解法
Hlib [48]	H 行列の生成と H 行列を用いた演算
METIS [49], ParMeTIS [50]	グラフ分割
SCOTCH, PT-SCOTCH [51]	グラフ分割
FFTW [52]	離散フーリエ変換
FFTE [53]	離散フーリエ変換
NetCDF [54]	科学技術計算におけるファイル入出力支援

(d)　ジョブ管理ソフトウェア

これまでに述べたとおり、スパコンは非常に多くの計算資源を持っているため、多くのユーザが共同で使うことになります[8]。そこで、多くのスパコンではユーザからの処理依頼をバッチジョブという形で受け取り、順次処理していく方式を使用しています。ここで、バッチジョブとはユーザが依頼する一連の処理を意味し、そのジョブの内容を記述するファイルには、ユーザが実行を依頼するプログラムの名前や要求資源量が記載されます。たとえば、fem という名前のプログラムを 100 コアを使って実行して下さいというような依頼書をスパコンに送るわけです。スパコンはこれらのジョブ依頼を資源の空き状況やスケジューリングポリシーに基づいて処理していきます。この処理を担当するのがジョブ管理ソフトウェアです（図 1.11）。

ジョブ管理ソフトウェアはスパコンの運用において重要な役割を担っています。なぜなら、ユーザ間の公平性、実行待ち時間の長さ、システムの稼働率等のスパコンの運転状況に関する重要な指標に関わってくるからです。例

---

[8]　当該のスパコンの資源の大部分を必要とする大規模シミュレーションのために、一時的にあるユーザに資源の大部分を占有させることもあります。

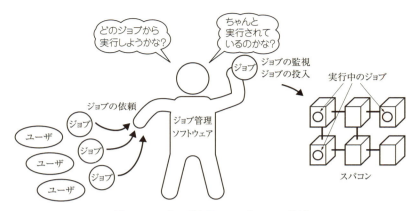

図 1.11　ジョブ管理ソフトウェアの役割

を挙げて説明しましょう。スパコンがフル稼働状態で、（実行中のジョブのない）空きノードが1つもない状況において、あるユーザが100ノードを要求するジョブを依頼してきたとしましょう。基本的には、このジョブを実行するために、現在実行されているジョブが終了するのを待つ必要があります。さて、実際の状況では、一度に100ノード分の空きが一度にできることは稀です。そこで、空きノードが100に達するまで、新たなジョブの実行を停止することになります。この方式は実際にもよく用いられるジョブ管理ポリシーの1つです。しかし、この方式では、空きノードが存在している以上、システムの稼働率は下がることになります。一方、空きノードが100に達していない段階では、後から小規模なジョブ（たとえば、4ノードや8ノードを要求するジョブ）の依頼があった場合、それらが実行可能であれば実行する（ジョブの追い抜き）というポリシーも考えられます。しかし、この場合にはいつまでたっても100ノードを要求するジョブが実行されないという事態が生じえます。このように、ジョブ管理に関するポリシーには最適といえるものはなく、システムの利用形態や状況に応じて、システム運用者が適宜決定することになります。ジョブ管理ソフトウェアにはこれらの様々な運用ポリシーへの対応が求められ、またひとつひとつのジョブの実行を管理し、計算ノードの故障といった事態にも対応することが求められるのです。

1.5.2 スパコンに必要な電気

これまでに述べてきたようにスパコンもコンピュータの 1 つです。したがって、スパコンを動作させるためには、パソコン同様に電気が必要となります。スパコンを稼働するために必要な電気量とその費用は、スパコンの運用における重要な要素の 1 つであり、また将来のスパコン開発におけるキーポイントの 1 つでもあります。そこで、本項ではスパコンに不可欠な電気について説明します。

スパコンシステム（スパコンを中核とする計算機システム）では、計算ノード、ノード間ネットワーク、ストレージ等、すべてのコンポーネントにおいて電力が消費されます。消費された電力は最終的に熱エネルギーとなるため、スパコンを正常に動作させるためにはこれらの熱をシステムおよび建屋から放出する必要があります。そのためにスパコンシステムには、空調等のなんらかの冷却設備が必要となります。したがって、スパコンシステム全体の運転に必要な電力 P_t は、次式のように、システム本体に必要な電力 P_s と冷却設備等の付帯設備に必要な電力 P_c の合算となります。

$$P_t = P_s + P_c \tag{1.4}$$

ここで、システム全体で消費する電力のうち、本体で消費される電力が占める割合を PUE (Power Usage Effectiveness) と呼び、

$$PUE = P_t/P_s \tag{1.5}$$

で計算されます。PUE の値は常に 1 以上で、1 になるべく近い方がシステムの運用に無駄がないことになります。近年の空調の冷却性能の改善は目覚ましく、また水冷方式の導入も可能であるため、現在のスパコンシステムではおおよそ PUE の値として 1.3 程度（またはそれ以下）が実現されると考えてよいです。したがって、システムで消費する電力の 1.3 倍程度の電力を供給する電気設備とその電力に応じた電気代が必要となります。仮にスパコン本体の定格電力が 500 kW であるとすると、空調などを含めたシステム全体では 650 kW を消費し、年間で 5,694 MWh を消費することになります。1 kWh の

電気料金単価を 16 円と試算すると、年間で約 9,000 万円の電気代が運用コストとして必要となります。京コンピュータや世界一の計算機である Tianhe-2 では、最大で 15 MW 以上の電力が消費されることを考えると、スパコンを運転するには大きな電気代がかかることが理解いただけるかと思います。

さて、上記の電気代の試算は、定格電力に基づく計算で、簡単にいうとシステムの全体が年間を通じてフル稼働状態にある場合の値となります。ただし、実際の運用では、スパコンのすべてのコンポーネントがフルに稼働することはほとんどありません。たとえば、ストレージシステム上のファイルに関するデータの入出力を待っている状態のコアと計算を行っているコアでは消費電力は異なってきます。したがって、運転経費の点では、運用中の平均的な電力消費量をなるべく小さくすることが重要となります。そこで、サービスの質を低下させることなく無駄な電力を省くためのハードウェア、ソフトウェア両面からの努力が行われています。その一例として、DVFS と呼ばれるプロセッサ（コア）の機能を紹介しましょう。

式 (1.2) に見られるように、コアの性能は動作周波数が高いほど高くなります。しかし、コアが消費する電力は動作周波数が高くなるほど、大きくなる性質があります。そこで、現在のプロセッサは DVFS (Dynamic Voltage and Frequency Scaling) と呼ばれるコアの動作周波数を動的に変更する機能を持っています。DVFS を利用することにより、コアが行う仕事（計算）の状況に応じて周波数を変動することにより、なるべく低電力でコアを有効に活用することができるようになります。

このように、スパコンや計算機の省電力化には様々な取り組みがなされています。特にハイエンドのスパコンの開発では、ある一定の電力の範囲内で性能を向上させることが最大の課題といっていい状況にあります。高性能なスパコンを開発したとしてもそれを運転する経費（電気代）が莫大なものとなってしまっては事実上運転が難しいですし、いくら目的があるといっても無尽蔵に電気を消費することは環境面からも許容できません。このような状況を反映して、現在では一定の電力量で実行できる計算量を競う Green500 というスパコンリストが公表されています。Green500 ベンチマークでは、スパコンの TOP500 リストと同様に LINPACK を用いた性能評価が行われます

が、その性能値はLINPACKにおける実効演算性能をベンチマーク実行中の電力値で除した値で与えられます。つまり、1W当たりの計算機の実効演算性能によって、そのランクが決定されることになります。Green500のリストはTOP500のリストと同時期に公表され、2013年11月のリストでは東京工業大学のTSUBAME-KFC (TSUBAME Kepler Fluid Cooling) [55] が1位を獲得し、世界で最もエネルギー効率の高いスパコンと認定されました。TSUBAME-KFCはCPUとGPUによるヘテロジニアスな計算ノードにより構成されていますが、その特徴的な所は冷却用に油浸のシステムを使用している点にあります。油浸冷却システムを利用することにより、空冷の場合と比べてプロセッサの温度を下げることに成功し、高い単位電力当たりの性能を実現しています。また、システム全体のPUEを低く抑えることにも成功しています。このようなスパコン開発における最新の消費電力削減技術については、4.4.3項 (b) でより詳細に述べることとします。

1.6 スパコンはどうやって買うの？

ここまで、スパコンに関する基本的な理解のために、主に技術面について述べてきました。では、スパコンはどのように購入されるものでしょうか。コンビニや百貨店にいって、スパコンをくださいといっても簡単に購入できないことは読者の皆様もご想像がつくことでしょう。しかし、実際のところ、十分なお金（資金）と電気設備、スペースがあればスパコンを購入することは可能です。LINPACKベンチマークを動かし、世界のスパコンリストTOP500に名を連ねることだけを目的にするのであれば、サーバをたくさん購入し、これをコモディティなネットワークで接続し、無料のOSや処理系、通信ライブラリを使用して安価にスパコンを作り上げることは可能です。しかし、大学等の国の公的機関でスパコンを購入（調達）する場合には、入札を基本とする政府調達と呼ばれる手続きに則ってスパコンを導入（調達）することになります。以下に具体的に説明しましょう。

スパコンの調達手続きは導入日のおよそ1年半前に開始されます。たとえば、2016年4月にスパコンを導入したいと思った場合、2014年の10月に手

続きを開始しなければなりません。いかがでしょうか？ とても長い期間を要することに驚かれた方も少なくないのではないでしょうか？ 手続きにこのような長い期間を要する理由については後から述べますが、調達手続きが長期間に及ぶことは以下のような影響を与えます。

これまでに述べてきたように、スパコンは「同時代で抜きん出て高速な計算機」でなくてはなりません。しかし、スパコンを構成する機器（コンポーネント）の進歩は速く、1年半前の技術が導入時点では時代遅れとなっていることがあります（実際のところ、主要なコンポーネントにおいて1年半の遅れは致命的です）。したがって、適切にスパコンを調達するためには、導入時点で利用可能な最新の技術を1年半前に見通し、これらの技術動向の予想を踏まえて手続きを進めることが必要となります。したがって、スパコンの調達担当者は、スパコンやそのコンポーネントに関連するハードウェア、ソフトウェアの技術動向を熟知し、時には未だ商品化されていない機器や研究段階の技術についても情報収集をする必要があります。しかし、専門家をもってしても、1年半先の技術動向を見据えて導入するスパコンの仕様を定めることは容易ではありません。過度に最新の仕様を追求すると期日までに仕様を満たすスパコンを納入できるメーカーがなくなってしまいますし、かといって仕様における性能値が低すぎると、結果的に導入するスパコンが他機関のスパコンと比べて見劣りすることになりかねないからです。また、費用も当然考慮の対象となります。最新ではない1世代前の機器をあえて導入することによってノード単価を下げ、予算内で導入できるノード数を増やすことにより全体としての総演算性能を向上させるといったことも検討されます。このように導入するスパコンの仕様を決めるためには、微妙なさじ加減が必要となります。

1.6.1 スパコンの調達手続き

スパコンの導入手続きにおいてまず最初に行われるのは、資料招請です。スパコンの導入を予定する機関では、導入するスパコンの大まかな性能や仕様を公にアナウンスします。このアナウンスは官報により行われます。ただし、官報に記載する事項はスパコンの仕様のうち主なものに限られるため、

各機関では導入説明書を作成します。導入説明書では、導入するスパコンが満たすべき性能や機能についてより詳しく述べられます。次に、これらの招請に基づいて、ベンダが当該のスパコンに関する資料を導入予定機関に送ります。たとえば、「各計算ノードは 500 GFLOPS の理論ピーク演算性能を有すること」といった要求要件が記載されている場合、各ベンダはこの要望を満たす方策について、資料を提出します。たとえば、自社のこういう製品を使えば、要求を満たせますよと述べるわけです。一方、もっと高い性能を出すことができますよとか、逆にその要求は高すぎて、導入予定時期ではこれぐらいの性能が妥当ですよというような意見や資料が提出される場合もあります。

次に、各ベンダから提出された資料と独自に調査した情報に基づき、導入予定機関で仕様書原案が作成されます。仕様書では、スパコンのハードウェアやソフトウェアに関する機能だけでなく、導入や設置に関する要求、関連設備の導入、運用支援等、多岐に亘る様々な項目について、細かに指定します。また、スパコンの調達では、ベンチマークを行うことが一般的です。これまでに述べてきたように、スパコンの性能はカタログスペックである理論性能だけでは評価できず、各種のベンチマークによる実効性能が重要となります。そこで、1.4 節で述べた著名なベンチマークの他、導入機関における既存システムのユーザプログラムから抽出したベンチマークプログラムを作成し、性能評価試験として仕様に取り込みます。つまり、「ベンチマークプログラム A を 100 秒以内に実行完了すること」といったような要求要件が仕様書に盛り込まれます。

仕様書の原案が作成されたのち、この原案に関する説明会が開催され、再び各ベンダに意見を述べる機会が与えられます。仕様書の細かい点について、導入時点の技術動向とずれがある場合などについて指摘をすることができます。こうした意見に基づき、各機関は最終的な仕様書とベンチマーク（性能評価試験）を確定します。その後、入札に関する公告が官報に記載され、入札に関する説明会が行われます。そして、各ベンダは仕様書の要求を満たす提案による入札を行います。開札後、各ベンダの提案について、入札価格、機能を点数化し、その点数による総合評価により、落札ベンダとシステムが確定

されます。もちろん、総合評価において用いられる各機能に関する点数は入札前に定められています。必須の要求要件はすべて満たすことが要求され、1つでも満たしていない項目があると不合格となります。必須ではない要件は加点項目となり、要件を満たす場合に加点が行われます。たとえば、すべての要求要件を満たすと 1,000 点を与え、各加点項目は「システムの理論ピーク演算性能が要求要件の 1.1 倍を超える場合には 30 点加点する」といったように点数化します。これらの機能に関する点数と入札価格により、最終的な評価点数が定まります。

　落札ベンダが確定した後、当該ベンダは導入するスパコンの構築、設置、導入を行いますが、そのための期間として、およそ半年間が与えられます。このように、応札するベンダに仕様書等に対する意見を述べる機会を十分に与え、公平な調達手続きを行うために、手続き全体で 1 年半に及ぶ長い時間が必要となります。

1.7　スパコンは誰でも使えるの？

　ここでは、どのような人がスパコンを利用することができるのか説明します。スパコンの利用方法は当該のスパコンを有する機関ごとに異なります。民間企業でスパコンを導入している場合には、原則としてその企業に属していれば利用可能であるというケースもあるかもしれません。一方、大学や公的機関のスパコンの場合、その設置目的に則した利用が求められます。たとえば、京都大学学術情報メディアセンターのスパコンの場合、学術研究を目的として、研究室に配属済みの学生や大学の教員、国立の研究所（現在は独立行政法人となっている場合が多い）に属する研究者が申請により利用可能です。また、教育目的から、大学の講義・演習に伴う学生の利用も可能となっています。

　一方、近年ではこのような大学等のスパコンにおいても、産業利用を活発化しようという動きがあります。たとえば、理化学研究所計算科学研究機構の京コンピュータでは、産業利用の課題を受け付けており、審査により認められれば、世界トップクラスのスパコンである京を使用することができます

[56]。また、東京大学の情報基盤センターでは、委員会による審査で認められた場合、民間企業その他の法人に所属する人もスパコンを利用することができます。このように、大学等のスパコンを国民の共有財産として、広く活用していく試みは今後も活性化されると考えられます。

1.8 将来のスパコンを語るためのキーワード

1.8.1 HPCI (High Performance Computing Infrastructure)

1.2 節で述べたように、スパコンは計算科学を始めとする様々な目的で使用されています。現在、国内では京コンピュータを中核として、全国の大学、研究所の主要なスパコンを高速ネットワークで接続し、相互に活用する HPCI（革新的ハイパフォーマンス・コンピューティング・インフラ）[57] と呼ばれる枠組みが稼働しています。HPCIでは、スパコンを利用する研究者・技術者に対し、全国各地に分散して存在しているスパコンリソースを効率的に利用できる仕組みを提供しています。たとえば、複数のスパコンを利用する場合において、スパコンごとにログイン（ユーザ認証）操作を行うことなくシームレスにスパコンを利用できるシングルサインオンを実現しています。各利用者はどこかのスパコンにログインすれば、以降は HPCI を構成するスパコンに対して面倒なパスフレーズの入力を経ることなくログインすることができます。また、HPCI では Gfarm [58, 59] と呼ばれるソフトウェアを利用して広域分散ファイルシステムを構築しています。本システムにより複数のスパコン間におけるファイルの共有利用がより簡便にできるようになります。たとえば、京コンピュータ上で宇宙プラズマに関するシミュレーションを行い、東京大学のスパコンでその結果ファイルを分析する場合、シミュレーションの結果ファイルを東京大学のスパコンから直接的に利用することができます。

このように HPCI では、現存するスパコンを有効利用するための方策について実施・検討を行っていますが、その他に将来のスパコンや国内の高性能計算基盤に関する検討、議論も行っています。文部科学省では、HPCI 計画推進委員会の下に「今後のハイパフォーマンス・コンピューティング技術の研究開発の検討ワーキンググループ」[60] を設置し、さらにアプリケー

ションとコンピュータアーキテクチャ・コンパイラ・システムソフトウェアに関する2つの作業部会をおいて、将来の高性能計算基盤について検討を行っています。これらの検討の結果は、現在、計算科学研究ロードマップ白書と HPCI 技術ロードマップ白書としてまとめられ、http://www.open-supercomputer.org/workshop/sdhpc/ に公開されています。これらの2つの白書を読めば、今後のスパコンにおいてどのような解析が行われ、どのような成果が得られると期待できるか、また将来のスパコンを実現するための技術やその動向について知ることができます。しかし、白書には技術的な専門用語が多く用いられ、計算機や計算科学を専門としない読者には理解が難しい部分があります。そこで、本書では第4章において将来のスパコンを担う最新技術について解説をするとともに、ここでは白書において頻出し、将来のスパコンに関する議論において理解が不可欠な2つのキーワードを取り上げ、それらについて説明を行います。

1.8.2 B/F 値

B/F (Byte per Flop) 値はスパコンやアプリケーションのタイプ、性質を分類するために使用される値で、将来のスパコンにおいて議論を行う際によく用いられる指標の1つです。スパコン（計算機）のB/F値は1.4.5項で述べたメモリのバンド幅を理論ピーク演算性能で除した値で与えられます。ノードクラスタ型のスパコンで、各計算ノードの構成が同一の場合には、計算ノードにおいて算出したB/F値がそのままスパコン全体のB/F値となります。B/F値は、その算出法からスパコンにおけるメモリ性能と演算性能のバランスを表すことになります。つまり、B/F値が大きい計算機とは、メモリからプロセッサへのデータ転送能力がプロセッサの演算能力と比べて相対的に高い計算機であることを意味します。B/F値が大きい計算機では、プロセッサがメモリからのデータ転送を待つことが少なくなり、結果的にプロセッサが持つ演算性能をプログラムにおいて活用することがより簡単になります。言い換えると、理論ピーク演算性能に対するプログラムの実効演算性能の比率、即ちプログラムの実行効率を高めることがより簡単になります。したがって、理論ピーク演算性能が同一の2つのスパコンがある場合、B/F値が高い

方がよりよいスパコンであると言えます。

　一方、アプリケーションにおけるB/F値は、プログラム内で必要なデータ転送量と演算量の比によって与えられるとするのが一般的です。つまり、B/F値が大きいプログラムは演算量と比べてデータ転送量が大きく、プロセッサの演算性能よりもメモリの性能の影響を受けやすいと言えます。アプリケーションにおけるB/F値は、アプリケーションごとに大きく異なっており、その値によってアプリケーションのタイプを分類することができます。つまり、B/F値の大きいアプリケーションは高いメモリ性能を求めるのに対し、B/F値の小さいアプリケーションはメモリ性能よりもプロセッサの演算性能を要求すると言えます。

　さて、将来のスパコンについて考えた場合、(理論ピーク) 演算性能とB/F値のいずれもが高いことが理想的です。しかし、理論ピーク演算性能を保ったままで、B/F値を高めようとすると、消費電力や製造コストが増大する問題があります。特に、1.5.2項で述べたようにスパコンの消費電力を一定の枠内 (電力のキャップと呼ばれます) に収めることは重要な課題であり、B/F値を大幅に上げることは困難であると言えます。実際、計算機のB/F値はむしろ低下傾向にあります。一方、アプリケーションプログラマの立場からいえば、自身のプログラムが要求するB/F値に満たないスパコンでは、スパコンが持つ演算性能を当該のアプリケーションにおいて十分に活用することが困難となるため、より高いB/F値を持つスパコンの開発を希望することとなります。したがって、将来のスパコン開発において、B/F値をどの程度とするかは重要な問題であり、消費電力、予算、アプリケーションからの要求を総合的に考慮して決められる必要があります。そのため、将来のスパコンに関する議論においては「B/F値」という単語が頻繁に聞かれることになります。

1.8.3　スケール

　スパコンや並列計算機に関する議論の中で、「スケール」という単語がよく使われます。これは英語の"scale"という単語を使用したものですが、様々な文脈で使われるために、その意味が捉えにくい場合があります。ここでは、将来のスパコンに関する議論においてよく使用される「スケール」という単

語とその関連語句について説明しましょう。

(a) エクサスケール

エクサ (E) とは 10^{18} を表す国際単位系における接頭辞の1つです。エクサフロップスの計算機といった場合、これは1秒間に1エクサ、即ち 10^{18} 回の浮動小数点演算を実行できる計算機を指します。したがって、**エクサスケール**の計算機とは、エクサフロップスまたはそれに近い演算性能を有する計算機を意味します。また、エクサスケールのアプリケーションという場合には、そのアプリケーションがおよそ1エクサ回の演算量を要求することを意味します。

エクサスケールという単語と同様に、これまではペタスケールやペタフロップスという単語が使われてきました（ペタは 10^{15} を意味する）。現在では、TOP500 のスパコンリスト（2013年11月）において 31 台以上の計算機が1ペタフロップス以上の実効演算性能 (LINPACK) を有しており、スパコンは完全にペタスケールの時代に入ったと言えます。しかし、1ペタと1エクサの間には 1000 倍の差があり、エクサフロップスやエクサスケールの計算機の実現には現状と比べて大きな性能改善が要求されます。したがって、「エクサ」の時代が到来することは、スパコンやその周辺技術にとって大きなマイルストーンであり、現時点では「目標」であるということができます。

(b) スケーラビリティ

スパコンの性能に関して、しばしば**スケーラビリティ**という単語が使用されます。スケーラビリティとは、ある問題を解く際に使用するコア数やノード数を増加させた場合に、どれだけのメリット、たとえば速度向上が得られたかを表します。以下に、より詳細に説明しましょう。

スパコンや並列計算機の世界では、スケーラビリティという尺度に対して、Strong scalability と Weak scalability の 2 種類があります。まず、Strong scalability は、ある一定のサイズ（演算量）を持つ問題に対して、使用するコア数やプロセッサ数を増加させた場合における計算時間の変化により与えられます。たとえば、ある問題を1コアで解析した場合の計算時間を $T(1)$ とし、同じ問題を N 台のコアを使って解いた場合の計算時間が $T(N)$ であった場合、Strong scalability の値 S_S は

$$S_{\mathrm{S}} = T(1)/T(N) \tag{1.6}$$

となります。まれに、第 2 章で述べるキャッシュメモリ等の影響により、S_{s} の値が N を超えることがありますが、一般的には S_{s} の上限値は N となります。つまり、使用するコア数を N 倍にした場合、計算時間が $1/N$ となれば理想的であるということになります。

一方、Weak scalability は以下のように定義されます。Weak scalability の算出では、使用するコア数やプロセッサ数に比例して問題サイズ（演算量）を拡大し、計算時間を測定します。即ち、演算量が C の問題を 1 コアを用いて解いた計算時間 $T_C(1)$ を基準とする場合、N 台のコアを使った場合の Weak scalability 値 S_{W} は、演算量が $C \times N$ の問題を N 台のコアで解く場合の計算時間 $T_{C \times N}(N)$ を使用して、

$$S_{\mathrm{W}} = T_C(1)/T_{C \times N}(N) \tag{1.7}$$

のように与えられます。算出式は Strong scalability と同様ですが、問題のサイズが変化していることに注意してください。Weak scalability では、その上限値は 1 となります。これはコア数に比例して問題サイズを拡大しても、1 コアの場合と同じ時間で解くことができれば理想的であるということを意味しています。

1.1.1 項で述べたラーメン屋さんの例で考えると以下のようになります。Strong scalability とは、1 杯のラーメンを作るのに料理人を増やすことでどれだけその調理時間を短縮できるかということを表します。一方、Weak scalability では、作るラーメンの数と料理人の両方を増やした場合を考えます。たとえば、1,000 人で 1,000 杯のラーメンを作るのに要する時間が 1 人で 1 杯のラーメンを作るのと同じであれば、Weak scalability としては理想的となります。Strong scalability、Weak scalability のいずれの場合においても、コア間のデータ転送やプログラム中の並列化されていない部分等の影響で、理想的な上限値を得ることは簡単ではありません。

これまでのスパコン開発の歴史では、どちらかといえば Weak scalability の観点に重点がおかれてきました。これは、1 杯のラーメンを作るのにたくさ

んの料理人をつぎ込んでも、調理時間の短縮にはあまり寄与しないと思われることからも理解できます。つまり、小さな問題をスパコンにより解くことは非効率であり、結果的にリソースの無駄遣いとなります。サイズ（演算量）が固定された問題は、ある時点では十分に大きなサイズを有していたとしても、時が立てばいつかはスパコンの能力に対して十分に見合ったサイズの問題ではなくなってしまいます。そこで、スパコンの演算性能の向上は、現在すでに解かれている問題をより速く解くということよりも、現在解くことができない規模の問題を現実的な時間で解けるようにするということを目標としてきました。つまりアプリケーションにおいて Weak scalability の値が十分に高ければスパコンシステムとしては十分であるということになります。

しかしながら、今後のスパコン開発では、Strong scalability の観点も重要であることが指摘されています。その理由の1つとして、将来のシステムでは、消費電力の制約からスパコンが持つ演算性能に対するメモリ量の比率が低下すると予想されていることが挙げられます。つまり、単純に現在のスパコンと比べて 1,000 倍の演算性能を持つスパコンが開発されたとしても、搭載されるメモリ量は 1,000 倍に達していない可能性があります。この場合、現在のスパコンで実行している問題の 1,000 倍の規模の問題は必ずしも解くことができるとは言えず、Weak scalability の算出に用いられる演算性能に比例した問題サイズの拡大が不可能となる事態が生じえます。こうした状況では、固定されたサイズの問題をいかに効率的に解くかという Strong scalability の観点が重要となり、高い Strong scalability を実現するための機能・性能がハードウェア、ソフトウェアの双方に求められることになります。

(c) スケーラブルなソフトウェアとは？

これまでに述べてきたように、現在のスパコンは例外なく大規模な並列計算機であり、その演算性能を担うコアの数も増加の一途をたどっています。こうした背景の下で、将来のスパコン上で動作するシステムソフトウェアやアプリケーションプログラムには**スケーラブル**であることが求められています。

この「スケーラブル」という単語が持つ意味について、ソフトウェアを対象として説明しましょう。スパコンを動作させるためにはハードウェアのみならず、OS、言語処理系、ライブラリ等のソフトウェアが必要となることをこ

れまでに説明しました。しかし、これらのソフトウェアは一般に「多々益々弁ず」というようには作られていません。そこで、ソフトウェアの中には、たとえば 1,000 コアまでは正常に動作するが、1,000 を超えるコアを扱うことができないというものがあります。そこで、スパコン向けのソフトウェアには、計算ノードやコア数を十分に拡大しても正常に動作することがまず求められ、これがスケーラブルなソフトウェアであるための必須要件となります。

　しかし、スパコン上での利用を考えた場合、正常に動作するだけでは十分とはいえません。コア数等の規模の拡大に対して、各ソフトウェアの処理時間が十分に高速である必要があります。各種のソフトウェアはこの性能に関する要求を満たすことにより、はじめて「スケーラブルである」と認められます。たとえば、スパコン向きのソフトウェアの開発において注意しなければならない点として、コア数の 2 乗や 3 乗以上に比例する演算量（処理量）を持つプログラムをなるべく含んではならないということが挙げられます。コア数の 2 乗に比例する処理量が必要となる場合、コア数が 1,000 倍に拡大すると処理量は 100 万倍に拡大してしまいます。このようなソフトウェアを使用していた場合、コア数の少ない小規模なシステムでは顕在化しない処理のオーバヘッドが、スパコンのような大規模システムにおいて問題となる可能性があります。しかし、スケーブルなソフトウェアの開発は一般に考えられている以上に困難です。その 1 つの理由は、ソフトウェアの多くはスパコンの一部の計算ノードやより小規模なシステム上で開発され、少なくともスパコン全体を長期にわたって占有して開発されるということはありえないからです。したがって、プログラマは実際にはめったに使用できないような環境での動作を考慮（想像）して、性能や機能の点で十分なソフトウェアやプログラムを開発しなければなりません。これは PC 向きのソフトウェア開発とは異なる困難な作業となります。将来のスパコンを議論する上で、しばしばソフトウェアがスケーラブルであるかどうかが問われるのは、その困難さ故であり、またプログラマが油断をすると容易にそのスケーラブル性が失われてしまうからといえます。

1.9 まとめ

この章では、スパコンとは何か、スパコンの性能はどのように評価されるか等、スパコンに関する基本的事項について解説しました。以下に、その中でも特に重要なことをまとめます。

- スパコンとは同時代において抜きん出て高速な計算機を意味し、時を経るとその性能はスパコンという名に値しなくなる。

- スパコンの演算性能には、カタログスペックとも言うべき理論ピーク演算性能とベンチマークによる実測値に基づく実効演算性能の2種類がある。

- 現在、「世界一のスパコン」とは、LINPACKベンチマークにおいて世界一の性能を持つ計算機であることを意味しており、TOP500と呼ばれる最も著名なスパコンランキングも同様の評価法によって定められている。ただし、著名なベンチマークは他にも多数存在しており、またスパコンの評価法についても見直しが進んでいる。

- 現在の多くのスパコンは複数の計算ノードをネットワークで結合した構成（ノードクラスタ型）を有している。各計算ノードにGPU等のアクセラレータを持つヘテロジニアスな構成もよく利用されるようになってきている。

- 現在および将来のスパコンは例外なく大規模な並列計算機であり、スパコン上で利用されるソフトウェアは非常に多数のコアや計算ノード上で正しく、高性能に動作する必要がある。

- スパコンが消費する電力は非常に大きく、今後のスパコン開発では、ある一定の電力量の中でいかに高い性能を実現するかということが最も重要かつ困難な課題である。

本章で述べたスパコンの基礎知識に基づき、スパコンに関する議論に加わったり、第2章以降やその他のスパコンに関する書物に進んでみて下さい。

第2章
スパコンはなぜ速く計算できるのか

　スパコンはなぜ速く計算できるのでしょうか。それを考えるには、まずコンピュータはどのような装置であるのかを考えてみる必要があります。コンピュータは、入力されたデータに対して計算を行い、その結果を出力する装置で、図2.1に示すように、

- 計算を行うプロセッサ

- プログラムやデータを格納するメモリ

- キーボードやマウス、ディスプレイなどの入出力装置

から構成されています。なお、ハードディスクなどの外部記憶装置は入出力装置と考えることもできますが、メモリの一部と考えることもできます。

　入力されたデータに対して計算を行い、その結果を出力するという観点からは、パソコンとスパコンの基本構造は同じなのですが、スパコンでは上記の構成要素がパソコンよりも高速に処理を行えるよう、様々な工夫が行われています。最近のスパコンは並列処理といって、複数の**計算ノード**[1]を同時に用いて大量のデータを高速に処理する方式が主流になっています。この場合、計算ノード間を接続する**ノード間結合ネットワーク**が必要になります。

　以下では、スパコンの各部の説明をしながら、それぞれの部でどのような高速化のための工夫を行っているかみていきましょう。

---

[1] 計算ノードは1つまたは複数のプロセッサとメモリ、さらにネットワークアダプタ等の機器により構成されます。第1章も参照。

58　第 2 章　スパコンはなぜ速く計算できるのか

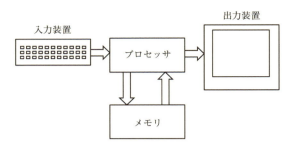

図 2.1　コンピュータの基本構造

2.1　プロセッサ——コンピュータの心臓部

　プロセッサはコンピュータにおいて演算処理を行う、コンピュータの心臓部に当たるものです。プロセッサでは、① メモリに記憶されたプログラムを読み込み、② プログラムの指示に従ってメモリからデータを受け取り、データをプログラム通りに演算し、③ 演算が行われたデータをメモリに書き込む、というように処理を進めていきます。

　1990 年代初めまでは、スパコンには高性能計算に特化された専用のプロセッサが使われることが多かったのですが、1990 年代後半からはワークステーションやパソコンに搭載されているプロセッサを複数並べて計算した方が価格当たりの性能が高くなってきました。

　そこで最近ではパソコン向けのプロセッサ、または GPU (Graphics Processing Unit) [6] や Intel 社の Xeon Phi コ・プロセッサ [7] などのアクセラレータ[2])のように、一般に入手可能なプロセッサをスパコンに使うことが多くなってきています。

　現在ではパソコン向けのプロセッサにおいても、かつてスパコンに搭載されていた特別なプロセッサと同様に、高速化のための様々な工夫が行われています。

---

2)　一般のマルチコアプロセッサと比べてより多くのコアを備え、大規模な並列処理により、高い演算性能が実現できるプロセッサのこと。

2.1.1 パイプライン処理 —— 処理の分割

パイプライン処理（Pipelining Process） とは、プロセッサにおいて1つの処理を複数の独立な処理に分割し、単位時間当たりに処理できるデータ量（スループット）を増やす工夫です。これは自動車工場の流れ作業に似ています。自動車工場の流れ作業では、工程をいくつかに分割し、それぞれの工程に作業員が配置されて、ベルトコンベアなどにより流れてくる自動車に部品を取り付けます。この場合、ベルトコンベアには複数の自動車が載っており、各作業員はそれぞれ異なる自動車に対して作業を行います。

自動車工場の流れ作業と同様に、自動車工場の流れ作業では、ベルトコンベアの移動速度が単位時間当たりの生産台数を決定しているのと同様に、プロセッサにおけるパイプライン処理では、命令のパイプラインを1ステップ進めるのに必要な時間がスループットを決定することになります。

2.1.2 命令パイプライン

パイプライン処理は、ある工程がいくつかに分割されている際に有効ですが、プロセッサにおける命令処理は以下のようにいくつかのステップに分割することができます。

1. 命令を取ってくる（フェッチ）
2. 命令を解読する（デコード）
3. 命令の実行
4. 結果の書き戻し（ライトバック）

この場合、パイプラインは4段階になっていますので、それぞれのステップを図2.2のように重ねて処理することで、スループットを増やすことができます。このような工夫を**命令パイプライン**と呼びます。

2.1.3 演算パイプライン

命令パイプラインでは、ある命令の実行中に次の命令を取ってきたり、解読することを並行して行います。しかし、命令の実行がいくつかのステップ

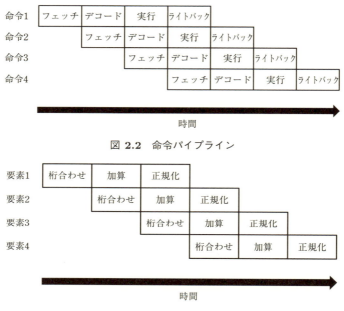

図 2.2 命令パイプライン

図 2.3 演算パイプライン

に分割されているわけではありません。**演算パイプライン**は、命令の実行そのものもパイプライン処理するという工夫です。

プロセッサにおける算術演算は、いくつかのステップに分割することができます。たとえば浮動小数点数の加算は、桁合わせ、仮数部の加算、正規化のステップに分割することができます。1つの算術演算自体には数サイクルを必要としますが、パイプライン処理を多数のデータに対して同一の演算を繰り返し行うことによって、スループットを向上させることができます。演算パイプラインは、図 2.3 のように示されます。

自動車工場の流れ作業では、複数のベルトコンベアを配置することにより単位時間当たりの生産量を増やしているのと同様に、複数の演算パイプラインを配置することによりスループットを増やすことができます。

2.1.4 ベクトル処理──一度に複数のデータを処理する

通常、コンピュータは1命令当たり1つの演算だけを行います。これをス

カラ処理といい、スカラ処理を行う命令をスカラ命令といいます。これに対して、もし1命令で複数のデータ（ベクトル）に対して演算を行うことができれば、より演算性能を高くできると考えられます。ベクトルデータの各要素に対する同一の演算を演算パイプラインにより高速に実行することを**ベクトル処理**と呼びます。また、ベクトル処理を行う命令（ベクトル命令）を持つプロセッサをベクトルプロセッサと呼びます。ベクトルプロセッサは、1990年代初めまではスパコンの代名詞でしたが、現在はパソコン向けのx86プロセッサでもSSEやAVXのようにベクトル処理を行う命令を持っています。ベクトル処理は、行列計算のように異なるデータに対して同時に同じ演算を行う処理に向いています。

ベクトル命令は、スカラ命令に対して高速に処理を行えますので、ベクトル命令を持つプロセッサではできるだけ多くのベクトル命令を使うことが重要になります。プログラムをコンパイルする際にC言語のforループやFortranのdoループをベクトル命令に変換することを「ベクトル化」といいます。ただし、どのような計算でもベクトル化できるとは限りません。ベクトル化するためには、さまざまな条件がありますが、その1つとしてはループ内にデータ依存性がないことが挙げられます。データ依存性とは、連続したいくつかのループに含まれている各演算の実行順序を制限する関係のことです。

2.1.5　スーパースカラ処理——複数の命令を並列に処理する

プロセッサの演算性能を向上させるためには、1サイクルの時間を短くする（つまりプロセッサの動作周波数を高くする）ことが考えられますが、プロセッサの動作周波数には限界があります。たとえば、プロセッサの動作周波数が3 GHzだとすると、1クロック当たり光の速度でも約10 cmしか進めないことからもプロセッサの動作周波数を高くすることが難しいことがわかります。

プロセッサの動作周波数はそのままで、もっと性能を上げることはできないでしょうか。こうした要請から考えられたのが、1サイクルに複数命令を処理する、**スーパースカラ処理**です。スーパースカラ処理では、命令レベルで存在する並列性を利用して1サイクルに複数命令を並列に実行することで

性能を向上させています。

ここで、命令レベルで存在する並列性とは何でしょうか。たとえば、プログラム中に a=b+c という命令と d=e+f という命令が含まれているとしましょう。これら2つの命令の間には依存関係はありませんので、並列に実行することが可能になります。

一方、a=b+c という命令と d=a+e という命令が含まれている場合、d=a+e という命令において、a=b+c の計算結果を用いていることがわかります。この場合、2つの命令の間に依存関係がありますので、並列に実行することができません。したがって、スーパースカラプロセッサの利点を生かすためには、連続する複数の命令が並列に実行できるようにする必要があります。

2.1.6 アウトオブオーダー実行——できる仕事から先に行う

アウトオブオーダー (Out-of-order) 実行（乱発行）とは、プログラムの中で処理する命令の順序をプロセッサが変更して実行することにより、複数命令の同時実行の可能性を広げる工夫です。アウトオブオーダー実行に対して、プログラムに書かれた通りの順序で実行することを、**インオーダー (In-order)** 実行（順発行）といいます。

インオーダー実行では、実行に時間のかかる命令（たとえば除算や平方根など）は、その命令の実行が終わるまで後の命令の実行は待たされることになります。そこで、「できる仕事から先にやる」というように、プロセッサが実行時に命令の順序を変更することによって、複数命令を同時に実行する可能性を高くできます。これにより、スーパースカラプロセッサの性能をより向上させることができます。

2.2 メモリ

メモリシステムは、計算に必要なデータを読んだり書いたりする装置です。皆さんが筆算を行う際には、紙に鉛筆で数字を書くことでデータを「記憶」していますが、これをより高速に行うために、現在ほとんどのコンピュータの

主記憶には半導体メモリが用いられています。大量のデータを高速に処理したい場合には、大容量かつ高速のメモリシステムが必要になります。

スパコンをレーシングカーに喩えると、プロセッサがエンジンでメモリシステムがシャーシやサスペンション、タイヤなどに相当すると考えることができます。レーシングカーでは、仮にエンジンの出力が高かったとしても、シャーシやサスペンション、タイヤが貧弱だとサーキットのカーブを高速で曲がることができません。

それと同様に、高速なプロセッサにおいては、その演算能力に見合うだけのデータ供給能力を持つメモリシステムが必要になります。

しかし、プロセッサの演算性能の向上に比べるとメモリシステムのデータ供給能力の向上はそれほど大きくないことから、最近のスパコンではメモリアクセスがボトルネックになりつつあります。

1秒当たりに実行可能な浮動小数点数演算回数をFLOPS、メモリシステムのデータ供給能力（メモリバンド幅）はByte/sで表しますが、演算性能とメモリシステムのデータ供給能力の比率をB/Fという値で表すことができます（1.8.2項参照）。たとえば、スーパーコンピュータ「京」[14]では、1ノード当たりの浮動小数点演算性能は128 GFLOPS、1ノード当たりのメモリバンド幅は64 Byte/sですから、B/F値は64/128 = 0.5となります。

$c(i)=a(i)+b(i)$ のような演算を倍精度（64ビット）で行う場合、各反復において8バイトのデータを2回（$a(i)$と$b(i)$）読み込み、8バイトのデータを1回（$c(i)$）書き込む必要がありますから、24バイトのデータの読み書きが必要になります。ところが、各反復で行われる演算は加算1回のみですから、このような計算においては、必要となるB/F値は24 Byte/1 FLOPS = 24となります。したがって、ハードウェアが持つB/F値と、上記のような演算で実際に必要となるB/F値の間には大きな隔たりがあることがわかります。

2.2.1　メモリ階層と局所性 —— 使い分けと組み合わせ

メモリシステムのデータ供給能力を向上させるためには、高速な記憶装置を用いればよいのですが、記憶装置のアクセス速度が高速になればなるほど高価なものになります。たとえば、同じ記憶容量の半導体メモリとハードディ

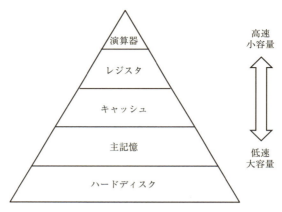

図 2.4 メモリ階層

スクを比べた場合、半導体メモリの方が高価なことはおわかりいただけるでしょう。

そこで、高価だけれども高速な小容量の記憶装置と、低速だけれども安価な大容量の記憶装置を組み合わせることで、メモリシステム全体の性能とコストのバランスを取るという工夫が行われています。これを**メモリ階層**と呼んでいます。メモリ階層は、図 2.4 のようにピラミッド型の図で示されます。

このようなメモリ階層を有効に活用するポイントとして、**局所性**があります。局所性には、時間的局所性と空間的局所性があります。時間的局所性とは、最近アクセスされたデータやプログラムは、近い将来アクセスされる可能性が高い、というものです。また空間的局所性とは、あるデータやプログラムのある部分をアクセスすれば、次にアクセスされるデータやプログラムはその近くにある確率が高い、というものです。

次項で説明するキャッシュメモリは、これらの局所性をうまく利用してプロセッサとメモリの間の速度差を少なくする工夫です。

かつて 1960 年代初めまではメモリの速度がプロセッサの速度よりも相対的に速かったので、キャッシュメモリは不要でした。ところが、プロセッサにパイプライン処理などの工夫が行われて高速になってくると、メモリの速度がプロセッサの速度に追いつかなくなってきました。そこで、コンピュータにキャッシュメモリが搭載されるようになりました。

2.2.2 キャッシュメモリ —— データを一時的に保管する

キャッシュメモリとは、計算に必要なデータの一部を一時的に保管しておくメモリのことです。たとえば、皆さんがレポートを書くために調べ物をするとしましょう。図書館に行って本棚から本を探し、借りてきます。レポートを書いている途中で、別の本が必要になったとすると、また図書館に行かなければなりません。自宅から図書館を往復するだけでも多くの時間が掛かってしまいます。

そこで、必要かどうかはわからないけれども、借りようとする本の近くにある本を数冊まとめて借りてくると、それらの本が必要になることがあります。この場合、自宅と図書館を往復する時間が節約できたことになります。

キャッシュメモリもこれと同じことで、あらかじめまとめてデータをメモリからキャッシュメモリに持ってくることで、メモリとのデータのやりとりの回数を少なくすることができます。

しかし、キャッシュメモリを大きくすると、それだけ多くのハードウェアが必要になりますし、データのアクセスにも時間が多く掛かるようになってしまいます。

そこで、キャッシュメモリを2段階や3段階に階層化することで、アクセス速度とコストのバランスを取るようにしています。プロセッサから近い順に1次キャッシュ、2次キャッシュ、3次キャッシュと呼びます。また、プログラムを一時的に保管するキャッシュメモリとして**命令キャッシュ**が、データを一時的に保管するキャッシュメモリとして**データキャッシュ**があります。多くのプロセッサでは、1次キャッシュにおいて命令キャッシュとデータキャッシュが別々に設けられています。

また、キャッシュの容量には限りがあるので、処理が進むに従ってメモリから持ってきたデータでキャッシュがいっぱいになってしまいます。このとき、キャッシュのデータを捨てる必要があるのですが、これを「キャッシュのフラッシュ」と呼びます。命令キャッシュではプログラムをメモリから読み込んでいるだけですので、キャッシュのフラッシュは単にキャッシュのデータを捨てるだけでよいのですが、データキャッシュではデータを読み込むだ

けではなく、書き込んでいる場合があります。この場合、データキャッシュにあるデータをメモリに書き戻す必要があります。

さらに、メモリからキャッシュに一度に持って来るデータの単位をキャッシュラインと呼び、キャッシュラインの大きさをキャッシュラインサイズと呼びます。キャッシュラインサイズを大きくするとメモリとのデータのやりとりの回数が減りますが、その一方でせっかくメモリから持ってきたデータのうち、使われないデータが多くなる可能性も高くなります。

2.2.3　バンクメモリ ── データ供給能力の向上

メモリシステムのデータ供給能力は、単位時間当たりのデータ転送量（スループット）で表すことができます。このスループットは、道路の単位時間当たりの車の通行量に喩えることができます。

道路の単位時間当たりの車の通行量を増やす工夫としては、

- 車の速度を上げる
- 車線を増やす

が考えられます。

これと同じ考え方で、メモリシステムの「車線」に相当するものを増やして、同時にアクセスできるメモリを増やせばよいのではないかということが考えられます。この「車線」に相当するものを、メモリシステムでは「バンク (**Bank**)」と呼んでいます。バンクメモリは、図 2.5 のように示されます。

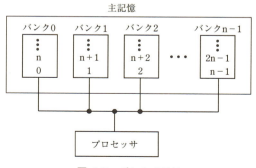

図 2.5　バンクメモリ

バンクメモリにおいて、各バンクに対して均等にメモリアクセスが行われる場合に最も高いスループットが発揮されます。ところが、1つのバンクのみしかメモリアクセスが行われないということが起こりえます。この現象は「バンクコンフリクト（バンクの衝突）」と呼ばれています。バンクコンフリクトは、片側3車線の高速道路において、工事などの理由で1車線しか車が通ることができない場合に、渋滞が発生するという状況に似ています。

バンクコンフリクトが発生すると、メモリシステムのスループットが大幅に低下するため、プログラミングの工夫などによって、これを避けることが必要です。

2.3 入出力装置

パソコンにおいてユーザからの入力を扱う装置としては、キーボードやマウスが、またユーザからの出力を扱う装置としては、ディスプレイやプリンタがよく使われています。一方、スパコンでは扱うデータ量がパソコンに比べて大きくなるため、入出力装置としては主にハードディスクやネットワークが用いられます。しかし、メモリに比べるとハードディスクのアクセス速度は非常に遅いので、パソコンに搭載されているようなハードディスクをそのまま用いたのでは、データの入出力に要する時間が非常に長くなってしまいます。そこで、2.2.3項で説明したバンクメモリと同じ考え方を用いて、同時にアクセスできるハードディスクを増やすことでスループットを高くする工夫が行われています。このような**ストレージシステム**としては、Lustre（ラスター）[62] などがあります。また、スパコンとストレージシステムの間では、高速にデータをやりとりする必要があるため、ノード間結合ネットワークで接続されることが多いです。

2.4 複数プロセッサによる並列処理

大きなスーパーマーケットに行くと、複数のレジがあります。それぞれのレジが同時に清算を行うことで、お客さんの待ち時間を短くしています。こ

れと同じ考え方で、現在のスパコンは、複数のプロセッサを同時に動かすことによって高い演算性能を実現しています。これを並列処理と呼びます。並列処理を行うスパコンには、大きく分けて共有メモリシステムと分散メモリシステムがあります。また、分散メモリシステムの各ノードが共有メモリシステムとなっていることもあります。

2.4.1 共有メモリシステム

図 2.6 で表されるような**共有メモリシステム**は、複数のプロセッサが共通のメモリにアクセスします。つまり、すべてのプロセッサでアドレス空間（番地）を共有しています。したがって、どのプロセッサからもメモリ上のデータを参照および更新することが可能になります。しかし、共有メモリシステムではデータが共有されている場合に、複数のプロセッサが同時に同じデータについて更新しないようにする必要があります。そうしないと、あるプロセッサがあるデータの更新を終了しないうちに、別のプロセッサがデータを参照してしまうことになります。このために行う操作のことを**排他制御**といいます。あるデータに対して排他制御を行うためには、複数のプロセッサが同時に同じデータについて更新する可能性がある処理において、1 個のプロセッサだけがデータを更新するようにします。

さらに、共有メモリシステムにおいて、各プロセッサが独立したキャッシュメモリを搭載している場合には、やっかいな問題が出てきます。通常、データがキャッシュメモリ上にあれば、そのキャッシュメモリから内容を読み取ります。メモリ上のデータが更新された際には、キャッシュメモリのデータも更新しなければなりません。ところが、複数のプロセッサがあり、それぞれが独立したキャッシュメモリを持つ場合には、複数のプロセッサ間のキャッシュメモリの内容に矛盾がないように制御する必要があります。これをキャッシュ

図 2.6 共有メモリシステム

コヒーレンシ（キャッシュの整合性）制御といいます。

　また、多数のプロセッサが同一のメモリにアクセスし、なおかつデータを供給するのは単純な作業ではありません。たとえば、16個のプロセッサからなる共有メモリシステムがあるとします。各プロセッサが1秒当たり64GBのデータを要求すると、システム全体としては1秒当たり1TBの帯域のバスを使ってデータを送る必要があります。このようなメモリシステムを構成することは不可能ではありませんが、非常に高価なものになりますので、プロセッサ数を増やすことには限界があります。

　さらに、共有メモリシステムでは各プロセッサのキャッシュコヒーレンシを維持する必要があり、プロセッサ数を増やすとハードウェアを作るのが非常に難しくなります。

2.4.2　分散メモリシステム

　図2.7で表されるような**分散メモリシステム**は、共有メモリシステムとは違って、各プロセッサが独自に自分のアドレス空間を持っています。この方式を採用した場合、他のプロセッサに存在するデータを参照および更新するために、ネットワークを介してデータをやりとりする必要があります。このデータのやりとりのことを、「メッセージ交換」と呼びます。メッセージ交換を行うためには、各プロセッサがネットワークで接続されている必要があります。分散メモリシステムにおけるプログラミングは、共有メモリシステムにおけるプログラミングよりも難しいものになります。なぜならば、あるデータの場所がどのプロセッサにあるのか、またデータをどのプロセッサからどのプロセッサにどのように移動するのかについて、プログラマが指示しなければならないからです。

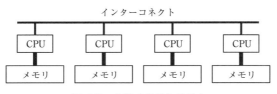

図 2.7　分散メモリシステム

分散メモリシステムは、共有メモリシステムに比べてプロセッサ数を増やすことが容易ですが、高い性能を発揮するためにはネットワークが高速である必要があります。また、メッセージ交換の回数や転送量をできるだけ少なくするようなプログラミングも必要になります。

2.5 複数の計算ノードを接続する —— ノード間結合ネットワーク

分散メモリシステムでは、複数の計算ノードを接続することで同時に複数のデータに対して演算を行うことが可能になります。その場合、計算の途中で他のノードとデータをやりとりする必要がありますが、複数のプロセッサ間はノード間結合ネットワークと呼ばれる、インターネットのようなネットワークで接続されています。コンピュータにおいてネットワークは道路のようなものです。すべての都市間どうしを直接道路で結べば最短距離で移動できますが、道路を造るのに費用が掛かるのと同じように、すべてのプロセッサどうしを直接ネットワークで接続すると多大なコストが掛かってしまいます。

そこで、分散メモリシステムではどこかのノードを経由して他のノードに接続するという工夫が行われています。本書では、代表的なネットワークのトポロジー（形状）として、リング、クロスバー・スイッチ、メッシュ、トーラスを取り上げます。

2.5.1 リング

リングは、各プロセッサをリング状に接続したネットワークです。リングネットワークの例を図2.8に示します。リングでは、離れたノードに対して、途中のノードが次々と中継してデータを送ることになります。したがって、中継回数はノード数の半分ということになります。リングは接続するケーブ

図 **2.8** リングネットワーク
〇は計算ノード。図 2.9〜2.11 も同様。

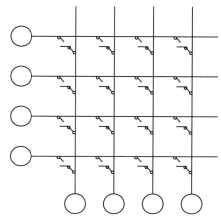

図 2.9 クロスバ・スイッチ

ルの量が少なくて済みますが、ノード数に比例して最大の中継回数が多くなるため、あまり多くのノード数には対応できません。

2.5.2 クロスバ・スイッチ

クロスバ・スイッチとは、縦方向と横方向に通信路の交わる点にスイッチを設けて、そのスイッチをオン・オフすることで通信経路をコントロールするものです。クロスバ・スイッチの例を図 2.9 に示します。クロスバ・スイッチでは、いったん通信経路が決まれば、あるノードから他のノードに最短経路で通信できるのが特長です。この利点を生かして、かつては電話交換機に使用されていました。しかし、必要となるスイッチの数はノードの数の2乗に比例するため、ノード数が増えた場合にスイッチのコストがかさむのが欠点です。

クロスバ・スイッチは共有メモリシステムにおいて、プロセッサとメモリを接続する際に使われることがあります。

2.5.3 メッシュ

メッシュとは格子のように、縦と横にプロセッサが配置されたネットワークです。2次元メッシュネットワーク(図 2.10)では、各ノードは上下左右

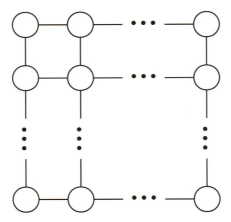

図 2.10 2次元メッシュネットワーク

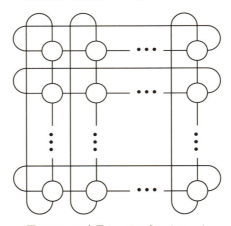

図 2.11 2次元トーラスネットワーク

のノードと接続されますので、最大の中継回数はノード数を N とした場合、$2\sqrt{N}$ となり、リングネットワークよりも少なくできるという利点があります。2次元メッシュネットワークでもノード数が多くなると中継回数が大きくなるため、そのような場合には3次元やそれ以上の次元のメッシュネットワークを使うことがあります。

2.5.4 トーラス

トーラスとはドーナツのような形をした構造のことです。2次元トーラスネットワークは、2次元メッシュネットワークに似ていますが、両端も接続することで最大の中継回数が2次元メッシュネットワークの半分になるのが特長です。2次元トーラスネットワークの例を、図2.11に示します。トーラスネットワークでも、ノード数が多い場合にはメッシュネットワークと同様に3次元やそれ以上の次元のトーラスネットワークを使うことがあります。スーパーコンピュータ「京」では、ノード数が82,944個にもなるため、「Tofuインターコネクト」[11]と呼ばれる6次元トーラスネットワークを用いています（詳細は4.3.1項参照）。

第3章
スパコンを効果的に利用するには

　この章では、スパコンをどのようにして使うのか、すなわち、いかにその性能を引き出して効果的に使うかについて説明します。

　スパコンに搭載されている個々のプロセッサの性能は、パソコンとそれほど大きな違いはありません。それではなぜスパコンが高速に計算できるのかと言えば、プロセッサの台数が数千個〜数十万個にも達するからです。

　したがって、スパコンの性能を引き出すためには、これらのプロセッサを同時に使うとともに、遊んでいるプロセッサが極力少なくなるようにする必要があります。以下の節では、主に並列化のために必要な手法について説明します。

3.1　スパコンが高速に計算できる条件

並列処理を用いたスパコンが高速に計算できる条件として、

- プロセッサの単体性能を引き出す。
- 並列性
- 速度向上率

が挙げられます。以下、順番にみていきましょう。

3.1.1　プロセッサの単体性能を引き出す
　スパコンは従来のベクトルプロセッサに代わり、現在は分散メモリシステ

ムが主流となっていますが、スパコンの理論ピーク演算性能は「プロセッサの単体理論ピーク演算性能 × プロセッサ台数」となることから、まずは各ノードにおけるプロセッサの単体性能を引き出すことが重要になります。

プロセッサの単体性能を引き出すためには、

- キャッシュメモリを有効に活用する。
- メモリアクセスができるだけ連続になるようにする。
- 連続する複数の命令が並列に実行できるようにする。
- ベクトル命令が使える場合には、できるだけ使うようにする。

などの工夫が必要になります。これらの詳細は文献 [117] を参照して下さい。

3.1.2 並列化とその限界

ある人が 1 から 100 までの整数の和を計算するとします。この計算では、99 回の加算が必要になりますが、等差数列の和の公式を使わずに、速く計算する方法はないでしょうか。すぐに思いつくのは、複数の人で計算することです。たとえば、1 から 50 までと 51 から 100 までの 2 つに分けて、それぞれを A さんと B さんの 2 人で計算した場合、1 から 50 までの部分和は 1275、51 から 100 までの部分和は 3775 ですから、最後に A さんと B さんの部分和を持ち寄って 1275 + 3775 を計算すると、1 から 100 までの総和は 5050 と求まります。もし、A さんと B さんの計算速度が同じだとすると、A さんが 1 人で計算するのに比べると、約半分の時間で計算できることになります。これは並列化のもっとも基本的な例の 1 つです。並列化を行うためには、複数の独立した処理が同時に実行可能である必要があります。

それでは、人数をさらに増やせば、もっと速く計算できるのではないかと考えてみます。もし、100 人で計算しようとすると、それぞれの人には 1, 2, ……, 100 の数字が 1 つずつ割り当てられますので、部分和を計算する必要はありませんが、最後に総和を求める際にすべての人の部分和を持ち寄る必要があります。

もっと人数を増やすとどうなるでしょうか。1 から 100 までの整数の和を

1,000人で計算しようとしても、すべての人に自分が計算する数字を割り当てることができず、900人が遊んでしまうことになります。このことからもわかるように、並列処理により処理時間を短縮するためには、少なくともプロセッサの台数よりもデータ量が多い必要があります。

3.1.3 速度向上率とは

速度向上率とは、並列処理の効率を表す指標の1つであり、複数のプロセッサで並列処理を行った場合、1プロセッサで逐次処理を行った場合に比べて何倍の速度になるかということです。速度向上率は理想的にはプロセッサの台数分ということになりますが、並列プログラムに含まれる逐次処理部分や、ノード間の通信などの要因によって、通常はプロセッサ台数よりも小さくなります。場合によっては、プロセッサ台数を増やせば増やすほど、速度向上率が小さくなることもあります。

速度向上率を高くするためには、

1. プログラム中で逐次処理を行う部分をできるだけ少なくする。
2. ノード間の通信時間をできるだけ少なくする。
3. 各プロセッサの負荷バランスが取れるようにし、遊んでいるプロセッサをできるだけ少なくする。

などの工夫が必要になります。

高い速度向上率は、現在のスパコンの性能を発揮させる上では必要不可欠です。

3.1.4 アムダールの法則

速度向上率に関して有名な法則の1つが、**アムダールの法則**です。アムダールの法則は、コンピュータ技術者のジーン・アムダール (Gene Amdahl) にちなんで名づけられました。もともとは、システムの一部を改良したときに全体として期待できる性能向上の程度を知るための法則でしたが、並列化した場合の速度向上率を計算する際に用いられることもあります。

たとえば、1プロセッサで計算に10時間かかるプログラムがあり、そのう

ち1時間かかる部分が並列化できないとします。この場合、9時間分は並列化できますが、並列化できない1時間分は高速化されないので、プロセッサ台数をどんなに増やしたとしても、速度向上率は最大で10倍にしかならない、というのがアムダールの法則を並列化に適用した例です。

つまり、並列化により速度向上率を高くするためには、プログラムにおいて並列化されている部分を可能な限り多くする必要があります。

アムダールの法則を式で表すとどのようになるでしょうか。プログラムにおいて並列化できる部分の実行時間の割合を P としたときに、並列化ができない部分の実行時間の割合は $1-P$ となります。もし、N 個のプロセッサを使ったとすると、性能向上率 $S(N)$ は次の式で表すことができます。

$$S(N) = \frac{1}{(1-P) + \frac{P}{N}} \tag{3.1}$$

スーパーコンピュータ「京」は82,944ノードから成りますが、もし80,000倍の速度向上率を達成するためには並列化できる部分の実行時間の割合がどれくらいになるのかを計算してみましょう。

$N = 82944$、$S(N) = 80000$ を式 (3.1) に代入すると、$P \approx 0.9999996$ より、並列化できる部分の実行時間の割合は約99.99996%となります。

このことからも、スパコンを高い効率で使うのは簡単ではないことがわかります。

3.2 スパコンにおけるプログラミング

この節では、スパコンにおけるプログラミングについて解説します。最近のスパコンは並列処理を用いたものが主流になっていますので、並列処理が行えるようにプログラミングする必要があります。以下に示すように、スパコンのプログラミングでは、タスクやデータなどを複数のプロセッサに分担させることで並列化を行っています。3.2.1～3.2.3項では並列化の概念を、3.2.4～3.2.6項では並列化プログラミングの規格やモデルを説明します。

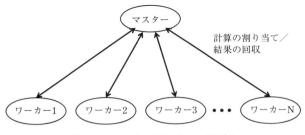

図 3.1　マスターワーカー・モデル

3.2.1　マスターワーカー・モデル

マスターワーカー・モデルとは、1台のコンピュータ（マスター）が仕事を複数のタスクに分割し、各タスクを複数のコンピュータ（ワーカー）に割り当てる方法です。マスターワーカー・モデルの例を図 3.1 に示します。マスターワーカー・モデルでは、割り当てられた計算が終わったワーカーには、マスターから次の計算が割り当てられます。

これは、ある仕事を行うときに、管理職が部下の仕事の進捗を見ながら各人の仕事の割り当てを変えていくと、より効率的に仕事を進めることができることに似ています。

マスターワーカー・モデルは、各タスクの処理時間にばらつきがある場合でも、負荷分散が動的に行われるという特長があります。

ワーカーが多ければ多いほど、速度向上率が高くなりそうに思えますが、あまりにもワーカーが多くなりすぎるとマスターの速度が追いつかなくなることがあります。その場合、マスターを複数にして分散処理を行うなどの工夫が必要になります。

3.2.2　タスク並列 ── 仕事単位で並列化

あるプログラムにおいて、異なるコード部分をそれぞれ独立して計算できる場合、これを**タスク並列**と呼びます。タスク並列によって高速化を行うために必要な条件としては、独立したタスクが十分にあることです。これは、タスクが1つしかない場合には、プロセッサの台数を増やしたとしても高速化を図ることができないことからもおわかりいただけるでしょう。タスク並列

を行って性能を発揮できるのは、タスクの数をプロセッサの台数よりも多くできるような場合になります。

3.2.3 データ並列――データ単位で並列化

複数の要素からなるデータに対して、同じ計算を独立して行うことができる場合、並列計算を行うことができます。これを**データ並列**と呼びます。データ並列では、複数の要素からなるデータをサブデータに分割し、それぞれのサブデータに対してプロセッサを割り当てて計算を行うことにより高速化を図ることができます。データ並列によって高速化を行うために必要な条件としては、独立したサブデータが十分にあることです。たとえば、100 の要素からなる配列に対してデータ並列で計算を行う場合、1,000 個のプロセッサを使って計算すると独立したサブデータの数がプロセッサの台数よりも少ないために速度はたかだか 100 倍にしかなりません。

3.2.4 OpenMP

OpenMP [102] は、主に共有メモリシステムで使われている標準化されたプログラミングの規格のことです。OpenMP は 1997 年に発表された業界標準規格ですが、多くのハードウェアおよびソフトウェア・ベンダが参加する非営利団体「OpenMP Architecture Review Board」によって管理されています。OpenMP を用いるためには、コンパイラが OpenMP に対応している必要がありますが、現在、GNU コンパイラをはじめとする多くのコンパイラが OpenMP に対応しています。

OpenMP の特長としては、以下のような点が挙げられます。

- 指示文と呼ばれる文をプログラム中に記述することにより、スレッドライブラリなどを使うよりも簡単に並列化を行うことができる。

- 逐次計算プログラムに対して指示文を挿入するという作業により、段階的に並列化を行うことが可能になる。

- 指示文は OpenMP をサポートしないコンパイラでは、単にコメント行として無視されるので、その場合には逐次計算プログラムとしての動

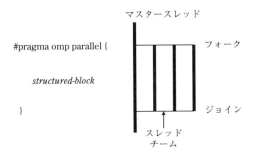

図 3.2 fork-join モデル

作が保証される。したがって、逐次計算プログラムと並列計算プログラムを同じソースプログラムで管理することができる。

OpenMP の実行モデルは fork-join モデル（図 3.2）と呼ばれるもので、parallel 指示構文で囲まれた並列領域のみが複数のスレッドにより並列実行され、それ以外は 1 つのスレッドにより逐次実行されます。

プログラム中で計算時間の大半を占有する部分を「ホットスポット」といいます。このホットスポットが特定できるような場合には、OpenMP で並列化を行うことにより計算時間の短縮を図ることが可能になります。

C 言語や C++ 言語の OpenMP 指示文は、pragma プリプロセッサ指示文と呼ばれるもので指定します。

指示文の形式としては、主に以下のようなものがあります。

- parallel 構文
  複数のスレッドにより並列に実行される領域を指定します。

- ワークシェアリング構文
  その構文と関連付けられたリージョンの実行を、チーム内のスレッドに分配します。

- ループ構文
  C 言語の for ループや Fortran の do ループを複数のスレッドで分割して実行します。

- sections 構文
  お互いに依存関係のない処理をそれぞれ別のスレッドで並列に実行します。

- single 構文
  parallel リージョン（並列に実行される領域）の内部において、あるプログラム領域の演算を単一のスレッドだけで実行します。

- 複合パラレル・ワークシェアリング構文
  parallel 構文のすぐ内側にネストされたワークシェアリング構文を指定するためのショートカットです。

- マスター・同期構文
  マスター・同期構文には、

    - master 構文
      チームのマスタースレッドによって実行される構造化ブロックを指定します。

    - critical 構文
      一度に 1 つのスレッドだけが関連した構造化ブロックを実行するように制限します。

    - barrier 構文
      この構文が現れたポイントに明示的なバリアを指定します。

    - atomic 構文
      特定の記憶域が、複数のスレッドによって同時に書き込みされる可能性を排除し、アトミックに更新されることを保証します。

    - orderd 構文
      ループリージョン中の構造化ブロックが、ループ繰り返しの順序で実行されることを指定します。

  などがあります。

OpenMP を用いた並列プログラムの構成は図 3.3 のようになります。

```
#include <stdio.h>

int main(void)
{
...
#pragma omp parallel
    {
    ... 並列化される部分
    }
...
    return 0;
}
```

図 3.3　OpenMP を用いた並列プログラムの構成

3.2.5　MPI

MPI (Message Passing Interface) [63, 64, 101] とは、主に分散メモリシステムで使われている、計算ノード間で通信を行うために標準化されたプログラミングの規格のことです。MPI の最初のバージョンが公開されたのは 1994 年ですが、それまでは分散メモリシステムによって通信ライブラリが異なっていることがあり、並列プログラムの互換性がありませんでした。MPI は新しいプログラミング言語ではなく、ライブラリ（よく利用すると思われる関数や機能を集めたもの）の形で提供されていて、通信関数を呼び出すことにより使うことができます。

MPI では 100 以上の関数が定義されており、大きく分けて以下の関数がありますが、よほど特殊な並列化を行わない限り、20 個程度の関数を知っていれば十分です。

- 1 対 1 通信関数

- 派生データ型と MPI_Pack/Unpack

- 集団通信関数

- グループ、コンテクスト、コミュニケータ

- プロセストポロジー
- 環境管理

MPIでは、**コミュニケータ (communicator)** という概念があります。コミュニケータはお互いにメッセージを送ることができるプロセスの集団のことです。よほど特殊な並列化を行わない限り、MPI_COMM_WORLD（全プロセスを含む初期コミュニケータ）を使えば十分です。

C言語を用いたMPI並列プログラミングの概要は図3.4のようになります。

1. 最初に#include "mpi.h" を書く。
2. MPI_Init() 関数を実行して、MPIの実行環境の初期化を行う。
3. MPI_Comm_size() 関数を実行して、プロセス数を知る。
4. MPI_Comm_rank() 関数を実行して、自分のプロセス番号を知る。
5. MPI_Send()、MPI_Recv() などの関数を用いて通信を行う。

```
#include "mpi.h"
#include <stdio.h>
#define N 1000

int main(int argc, char *argv[])
{
    int myid, nprocs, sendbuf[N], recvbuf[N];
    MPI_Status status;

    MPI_Init(&argc, &argv);
    MPI_Comm_size(MPI_COMM_WORLD, &nprocs);
    MPI_Comm_rank(MPI_COMM_WORLD, &myid);
...
    MPI_Send(sendbuf, N, MPI_INTEGER, (myid + 1) % nprocs, 0,
            MPI_COMM_WORLD);
    MPI_Recv(recvbuf, N, MPI_INTEGER, (myid + 1) % nprocs, 0,
            MPI_COMM_WORLD, &status);
...
    MPI_Finalize();
    return 0;
}
```

図 3.4　MPIのサンプルコード

6. MPI_Finalize() 関数を実行して、MPI の実行環境を終了する。

1 対 1 通信では、片方が送信者 (sender) として MPI_Send() などの送信関数を実行し、もう片方が受信者 (receiver) として MPI_Recv() などの受信関数を実行することで、通信を行います。

1 対 1 通信関数を大きく分けると以下のようになります。

- ブロッキング通信（MPI_Send、MPI_Recv など）

- 非ブロッキング通信（MPI_Isend、MPI_Irecv、MPI_Wait など）

- 双方向通信（MPI_Sendrecv など）

ブロッキング通信は、一度呼び出すと、送受信が正常に完了するまで次の処理に進めません。それに対して非ブロッキング通信では、通信と計算をオーバーラップさせることが可能になります。非ブロッキング通信を用いることで、通信時間を計算時間の裏に隠すことができますので、見掛け上通信時間を減らすことができます。双方向通信は、安全に（デッドロックを起こさずに）双方向通信を行うことができます。デッドロックとは、2 つ以上のプロセスが処理の終了をお互いに待ち合って、結果としてどの処理も先に進めなくなってしまうことです。MPI を用いた並列プログラミングでは、このデッドロックが発生しないように注意する必要があります。

また、コミュニケータの中のすべてのプロセスを含む通信パターンを**集団通信 (collective communication)** と呼びます。集団通信は通常 2 つ以上のプロセスが含まれます。

集団通信関数の例としては、

- ブロードキャスト（MPI_Bcast）

- リダクション（MPI_Reduce、MPI_Allreduce）

- ギャザー（MPI_Gather、MPI_Allgather）

- スキャッター（MPI_Scatter、MPI_Allscatter）

- 全対全通信（MPI_Alltoall）

などがあります。

たとえば、あるプロセスが持つデータをすべてのプロセスに放送（ブロードキャスト）するには、MPI_Bcast() 関数を使います。また、すべてのプロセスのデータの総和を求めるには、MPI_Reduce() 関数を用います。

MPI における通信で注意しなければならないのは、「送信されたデータは、必ず誰かが受信しなければならない」ということです。

MPI を用いた並列プログラミングでは、自分のノードにないデータを他のノードから持ってくる場合には、その都度 MPI の通信関数を呼び出すことになるため、OpenMP のように逐次計算プログラムを段階的に並列化することが難しくなります。そのため、MPI では並列計算用のプログラムを新しく作り直すことが多くなりますが、現在のスパコンの性能を発揮させるためには必要な手間といえます。

また、計算ノードが複数のプロセッサまたは演算コアから構成されている場合、計算ノード内では OpenMP を用いて並列化し、計算ノード間では MPI を用いて並列化するということも行われています。これをハイブリッド並列化と呼びます。

3.2.6 PGAS モデル

現在のスパコンのほとんどは、分散メモリシステムとなっています。分散メモリシステムにおけるプログラミングでは MPI が用いられることが多いのですが、自分のノードにないデータを他のノードから持ってくる場合には、その都度 MPI の通信関数を呼び出さなければなりません。つまり、MPI では明示的にメッセージの交換をプログラム中に記述する必要があります。簡単なプログラムであれば、それでよいのですが、科学技術計算に使われるプログラムは数万行を超えることも珍しくありません。その場合、MPI を用いてプログラミングをする時間や人手が多くなってしまうことが問題になってきました。

そこで、最近は MPI のように明示的にメッセージの交換をプログラム中

に記述しなくても分散メモリシステムで並列計算が行えるような並列プログラミングモデルとして、**PGAS (Partitioned Global Address Space) モデル**が注目されています。PGAS モデルは分散メモリ環境を抽象化し、単一アドレス空間としてプログラマに見せることで、生産性を保ちつつ高性能を達成することを目指しています。

PGAS モデルの言語として、UPC [23] や Coarray-Fortran (CAF) [61]、Chapel [24]、X10 [25] などの言語や、日本を中心に開発が進められている XcalableMP [26] などがあります。

第 4 章
最新技術と将来展望

　この章では、2013 年現在における、最先端のスパコンを作る技術についての紹介をします。2013 年現在、もっとも注目されている技術は、エクサフロップス (exaflops) の性能を達成する技術です。

　2014 年 6 月現在、最高速なスパコンは、中国国防技術大学の Tianhe-2（天河二号）で、33.8 PFLOPS の性能を持ちます。電力使用量は、17.8 MW（メガワット）に及びます [65]。これは、一般家庭で利用される電力量の数千件分の電力量といわれています。エクサフロップスは 1000 PFLOPS の演算性能を持つことです。一方、利用できる電力量は有限です。現在も、17.8 MW に及ぶ施設作り、かつ定常的に運用していくことは困難です。エクサフロップス達成のため、Tianhe-2 の約 30 倍の性能向上を、FLOPS 当たりの電力性能を 30 倍以上も効率化したうえで、達成しないといけません。このことは、容易なことではありません。エクサフロップスの達成目標は 2020 年といわれています。実現するためのあらゆる努力が、現在なされています [96]。

　そこでこの章では、現在の最新技術について、過去の背景を紹介しつつ説明します。また、現在判明している、技術的な問題点を紹介します。さらに、現在行われている研究開発の動向についても紹介します。

4.1 ベクトルプロセッサをスパコンに使う

4.1.1 ベクトル型のスパコンとは ——演算を限定し演算効率を高める

　スパコンの歴史において、もっとも有名な計算機は、1975 年に米国 Cray Research 社が発表した Cray-1 [97] でしょう。

Cray-1 は、2.1.4 項で説明した**ベクトル型** (**Vector Type**) のスーパーコンピュータです。ベクトル型のスパコンでは、対象の演算を限定します。それは、ベクトルループという演算パターンです。ベクトルループの演算に対し、専用の演算器（**ベクトル演算器**：**Vector Processing Unit**）を実装します。

ベクトルループの演算とは、たとえば内積演算です。I をループ変数とすると、I ループ中で、A(I)=B(I)*C(I) という演算を行うことです。ベクトル型のスーパーコンピュータでは、このループの回数が大きい（ベクトル長が長いといいます）ほど、性能が出るように設計されています。図 4.1 に、ベクトル型スーパーコンピュータの概念図をのせます。

図 4.1 のような計算機の構成のことを、**計算機アーキテクチャ**（**Computer Architecture**）と呼びます。これは、建築物の構成をアーキテクチャと呼ぶのと同じことで、計算機についても設計思想、機能などに違いがありますので、計算機アーキテクチャに違いが出ます。

さて、図 4.1 の計算機アーキテクチャでは、メモリ上にある配列データ B()、C() に対し、ある量ごとにデータを一時的に保存しておく場所があります。これらは、**レジスタ**（**Register**）と呼ばれます。ここでは、ベクトル型の演算を対象にしているので、特に、**ベクトルレジスタ**（**Vector Register**）と呼

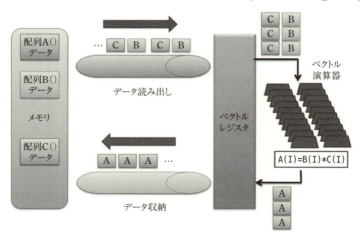

図 4.1　ベクトル型スーパーコンピュータの CPU の構成図

ばれます。このベクトルレジスタへ、メモリにあるデータを読み込む仕組みになっています。

データの読み出しは、次々と滞りなく行われます。このことは、車などの製造工程で見かける、ベルトコンベアーに載せた車の製造形態と似ています。もしくは、駅において次々に入ってくる人の切符をチェックする自動改札機の処理にも似ています。このような処理を、2.1.1項で説明したように**パイプライン処理**と呼びます。

次々読み出されるデータは、**ベクトル演算器**という、専用の演算ができる演算器に送られます。ベクトル演算器は多数実装されているため、データが届くごとに、同時に並列で演算ができます。そのため、演算結果も次々出てきます。これらの演算結果は、ベクトルレジスタへ収納されます。ベクトルレジスタへ収納後、パイプライン処理で、演算結果をメモリへ収納していきます。

●データの取り込み効率とバケツリレー

図4.1では、ある単位でデータを取り込みます。この「ある単位」の取り込み個数が多くなるほど、データの取り込み時間の効率が良いといえます。

このことは、バケツに水を入れてバケツを回して消火する「バケツリレー」と考え方が似ています。バケツリレーにおいて、最初の1つのバケツが届くのには一定の時間がかかります。しかし時間が経ち、一度バケツが火元に届いてしまうと、すぐに次のバケツが届きます。つまり、水を運ぶための効率は、十分な時間が経てば高くなっていくといえます。

この考え方は、ベクトル演算器での演算にも適用できます。つまり演算において、演算対象の配列の大きさを大きくし(運ぶべき水の量を多くし)、かつ、その大きさすべてについて演算する(たくさん水を送るようにする)と、演算効率が高くなるわけです。

具体的な数値を見てみます。Cray-1では、先ほどの演算例のA(I)=B(I)*C(I)では、Iループが1回まわる性能に比べて、1000回まわるときの演算性能の効率、つまり、1演算当たりの実行時間は、16.2倍も良いものでした。

●加算と乗算が同じ時間でできる！？

話が横道にそれますが、面白い実例を挙げましょう。このCray-1では、乗算

と加算の実行時間に差がないというものでした。たとえば、A(I)=B(I)+C(I) という加算と、先ほどの乗算の演算時間は、ほとんど変わらないものでした。

人間が計算をするとき、一般に乗算より加算のほうが簡単でしょう。ですので、Cray-1 での演算の仕組みは、人間の直観とはまったく異なることと思います。計算機の中では、演算器の作り方次第で、実際の演算時間が大きく変わってくることを意味しています。したがって、どのような仕組みで演算がなされているかを理解することは大切です。

4.1.2 データを演算器に速く送ること

先ほど説明したように、ベクトル型スパコンでは、高速なベクトル演算器にデータを供給するために、メモリから直接、ベクトルレジスタに直接データを送るように設計されていました。このベクトルレジスタは複数あり、メモリから順次、必要なデータが送られてきます。

ところで、メモリからデータを取り出すには、どんなに小さい量(サイズ)でも、最低限のアクセス時間がかかります。そこで、2.2.3 項で説明したようにメモリ上の記憶単位であるバンク (Bank) ごとに、順次ベクトルレジスタにデータを転送します。そのことで、データ転送の効率を高めることができることを説明しました。つまり、メモリにあるデータを、いかに高速に演算器に送るかが重要となります。

ベクトル型の計算機は、過去において、メモリからのデータの転送能力が高い計算機でした。このメモリからのデータの転送能力は、**メモリ帯域 (Memory Bandwidth)** と呼ばれ、単位は Byte/秒が使われます。メモリ帯域は、大きいほど良い性能を表します。

4.1.3 コンピュートニク・ショック——米国が驚いた地球シミュレータ

先述の Cray-1 は、米国のベクトル型のスーパーコンピュータでした。

では、日本では、ベクトル型のスーパーコンピュータは開発されなかったのでしょうか? この答えは、No です。日本の主要な電機メーカは、1982 年ごろから、ベクトル型スーパーコンピュータを開発してきました。たとえば、富士通の FACOM VP シリーズ、日立製作所の HITAC S シリーズ、日

本電気のSXシリーズがあります。

これらの日本製のベクトル型のスーパーコンピュータのうち、米国に衝撃を与えたスーパーコンピュータがあります。それは、**地球シミュレータ** [66]です。地球シミュレータの開発は、1957年ソビエト連邦による人類初めての人工衛星であるスプートニク1号の打ち上げ成功の衝撃として表現されている「スプートニク・ショック」をもじって、「コンピュートニク・ショック」と言われています。

それでは、地球シミュレータとは、どのようなスーパーコンピュータだったのでしょうか。

地球シミュレータは、ベクトル型のスーパーコンピュータです。旧 宇宙開発事業団（現 独立行政法人宇宙航空研究開発機構）、旧 日本原子力研究所（現 独立行政法人日本原子力研究開発機構）、旧 海洋科学技術センター（現 独立行政法人海洋研究開発機構）の3つの法人が共同で設立した地球シミュレータ研究開発センターが開発を行いました。また日本電気により商用化もされNEC SX-6 という型番で販売もなされていました。すでに説明したように、ベクトル型のスーパーコンピュータであるので、メモリからの転送能力が高い計算機でした。

また、シリコンダイ上の計算要素（**コア**と呼びます）から取り扱えるメモリが共通しているコアの単位を第1章および第2章で説明したように**ノード**と呼びます。地球シミュレータは、このノードとノードの間の通信の能力についても、当時のレベルでとても高い能力のスーパーコンピュータでした。

具体的にどのような計算機アーキテクチャだったのでしょうか。まず、ベクトル型の演算を行うベクトル演算器（ベクトルユニット）の構成図を図4.2に示します。

図4.2のベクトル演算器（ベクトルユニット）が動作する周波数は500 MHzで、一部1 GHzで動作します [67]。ベクトルユニットでは、6種類の演算（加算、乗算、除算、論理演算、ビット列論理演算、データ読み出し/収納）を行うことができます。ベクトルユニットは、ベクトル演算器と、演算結果を収納する72個のベクトルレジスタから構成されます。ノード全体で、ベクトルユニットは8個で構成されています。最大で、8 GFLOPSの性能がありま

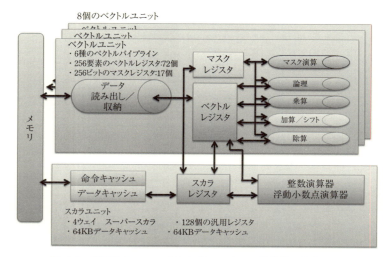

図 4.2 地球シミュレータにおけるベクトル演算器の構成 [67]
参考:http://www.jamstec.go.jp/es/jp/es1/system/arithmetic.html

す。これは、1 コアの性能です。1 ノードでは 8 コア実装されていますので、1 ノードの性能は 64 GFLOPS になります。1 ノード当たりのメモリ帯域の合計は、256 GB/秒です。

●計算機の性能指標：B/F

第 1 章および第 2 章 2.2 節も触れましたが、ここで、よく使われている計算機の性能の指標に **Byte per FLOPS**、(**B/F** と記す) を用います (1.8.2 項も参照)。つまり B/F では、1 回の浮動小数点演算を行うために、どれだけメモリから取り込む能力があるかを示した指標といえます。B/F は演算能力に対して、相対的にメモリ性能の良し悪しをみる指標といえます。B/F の値は、大きいほど、メモリからのデータ取り込み能力が高性能であることを表します。

この B/F の値を、地球シミュレータの 1 ノードで計算してみましょう。演算性能は 1 ノード当たり 64 GFLOPS、メモリ性能は 256 GB/秒なので、B/F = 256/64 = 4 という値になります。これは、1 回の浮動小数点演算を行う間に、4 byte のデータを取り込むことができる性能です。

逆にいうと、ユーザのプログラムにおいて、1 回の浮動小数点演算におい

て4byteのデータを取り込むプログラムは、B/F＝4の計算機では、効率100%で動くことを意味しています。また、1回の浮動小数点演算において8byteのデータを取り込むような、メモリアクセスがより必要なプログラムではB/F＝8となります。B/F＝8のプログラムでは、B/F＝4の計算機上では、原理的に最大でも効率50%でしか動作しないことを意味します。

このように、プログラム上のB/F値と、計算機ハードウェアのB/F値がわかっていると、その計算機でユーザプログラムが動作するときの最大の演算効率がわかります。この方法で、ユーザプログラムにおいて十分な性能が出ているか検証することがあります。

近年の最先端の計算機では、B/F値は0.5以下になっています。地球シミュレータのメモリアクセス性能は、近年の最先端の計算機の性能に対して8倍以上高性能であるといえます。つまり、とんでもなく高い相対的なメモリ性能があった計算機といえます。

ここでの注意は、高いB/F値を達成する計算機は、一般に電力使用量が多くなるという事実です。つまり、B/F値が高い計算機は、単位電力当たりの性能が低くなる傾向があることです。限られた電力量制約の中で作れるシステムにおいて、高いB/F値をもつ計算機は、総演算性能が低くなるといえます。この問題はスーパーコンピュータを作るときには本質的な問題となるので、後ほどの章で詳しく説明することにします。

●**ノード間をつなぐハードウェア——ネットワーク網**

以上のように地球シミュレータは、ノード当たりの演算性能がとても高い計算機でした。では、ノード間の通信性能はどうだったのでしょうか。図4.3に、ノード間の結合図（ネットワーク網）の概略を示します。

図4.3では、ノード間を結合しているネットワーク網は、2.5.2項で説明したように**直接クロスバ・スイッチ**とよばれるものです。直接クロスバ・スイッチとは、ノード間をつなぐ経路を、実行時にスイッチで結合させ、専用の回線をつくるネットワーク網です。したがって、他のノードからの通信との衝突が少ないので、高い性能を実現できます。

一方で、クロスバ・スイッチを実装するコストは膨大です。かつ、ノード数が増えていくとネットワーク網が複雑化するので、実現できるノード数には

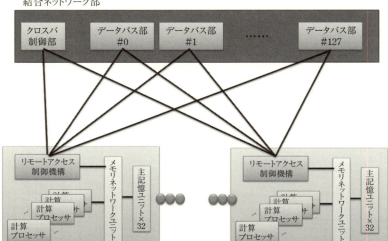

図 4.3 地球シミュレータにおけるノード間ネットワークの構成 [67]
参考:http://www.jamstec.go.jp/es/jp/es1/system/in.html

上限があります。ネットワーク網を維持するための電力も多く必要になります。地球シミュレータでは、640 個のノードについて、1 筐体に 2 個の接続対象を実装しています。データパス部は 130 個（1 筐体に 2 個接続対象）がありました。これらを電気ケーブルですべてつなぐため、電気ケーブルは、640 × 130 = 83200 本も必要になります。電気ケーブルの総延長は約 2,400 km といわれています [67]。

●1 秒でハードディスク 10 個分のデータ容量が転送できる！？

ノード間のデータ通信性能について、同時に双方向（あるノードについて、データの受信と送信を同時にできること）の通信ができます。性能的には、12.3 GB/秒の性能でデータを送受信します。ネットワーク網全体での転送能力は約 8 TB/秒です。これは、1 秒間で約 8 TB のデータを送れることを意味しています。

約 8 TB/秒の性能とは、現在の PC におけるハードディスク容量の約 10 倍のデータが、1 秒で送れることを意味しています。大変な通信性能です。

データの送り方に関して、ノード内で連続に収納されている配列のデータだけではなく、3次元形状で収納されたデータの断片部分である、ある一定間隔に不連続になっているデータの転送を行う専用のハードウェア命令も用意されています。これは後ほど説明する、実際の科学技術計算での演算例（**有限差分法**による**ステンシル演算**、p.126 参照）で必要となる通信パターンです。

以上のように、地球シミュレータでは、演算器においても、通信網においても、きわめて高性能な計算機でした。米国にとって衝撃であるような、このように複雑で高性能な計算機が開発できたことは、いまでも驚くべきことといえるでしょう。

(a) ベクトル型スーパーコンピュータの今後

地球シミュレータに引き続き、日本電気は後続のベクトル型スーパーコンピュータを開発しています。2014年現在においても、「SX-ACE」という型番で販売がされています。地球シミュレータ2として、NEC SX-9 というベクトル型のスーパーコンピュータが開発されました。NEC SX-6 に対して動作周波数を向上させ、3.2 GHz にしました。加算器と乗算器がそれぞれ2個に増加され、コア当たりの性能が 102.4 GFLOPS に向上しています。各ノードは8コアで構成されるので、1ノード当たり 819.2 GFLOPS の性能になります。ノード当たりのメモリバンド幅は 2 TB/秒、B/F = 2048/819.2 = 2.5 となります。したがって、地球シミュレータの B/F= 4 に対して、メモリ性能が落ちています。しかし、依然として高い B/F 値は保たれています。

●**高価だが高性能：ユーザが満足するコスト当たりの性能が出せるか？**

今後、ベクトル型スーパーコンピュータはどうなっていくのでしょうか。1つのポイントは、いかに B/F 値を高く保てるのかという観点です。また、近年の CPU 技術は B/F 値を高く保つ方向ではなく、電力当たりの性能を高く保つことを重視しています。つまり、B/F 値を高く保ったうえで、電力当たりの性能を高く保つことができるのかが、普及のカギになります。

ベクトル型スーパーコンピュータは、量産品を用いて作成されているわけではありません。ですので、量産品を使った計算機と比べると、性能当たりの価格単価が高くなることは避けられません。単価が高いスーパーコンピュータでもユーザが満足するだけの、実性能（ユーザのプログラムを実行させたとき

の性能）が出せることが重要です。電力制約によりシステム全体でのFLOPS性能は高くできなくても、ノード単体での実行効率が他の型のスーパーコンピュータでの実行効率を凌駕できる製品を作ることがカギになるでしょう。

4.2 演算アクセラレータをスーパーコンピュータに使う

4.2.1 電力当たりの演算効率を高めること、量産品を使って単価を下げること

ベクトル型のスーパーコンピュータは、ハードウェアとして性能が高いものでした。高い実行性能を達成するために、プログラミングを含むソフトウェアの努力をあまりしなくてもよいという利点がありました。一方で、専用の機材を使うことから単価が高く、性能当たりの価格が高くなってしまうこと、および、電力当たりの性能が低くなることがありました。

第1章で述べたように、このベクトル型のスーパーコンピュータの欠点とは正反対の思想で構築されたスーパーコンピュータが近年普及しています。それは、量産品を使い価格当たりの単価を下げる方向です。同時に、電力当たりの演算性能を高めることです。

この方向のスーパーコンピュータとして、近年、GPU (Graphics Processing Unit) を用いたスーパーコンピュータが普及しています。この章では、GPUを用いたスーパーコンピュータについて、説明します。

4.2.2 レイテンシ・コア、スループット・コア——少数精鋭か凡才多数か？

ちょっと話が横道にそれますが、近年のCPUの作り方の方向について説明します。

まず、従来から進められてきた方向です。コア当たりの実行速度を高速化するため、動作周波数の向上で高速化を達成する方針です。この方向で作られたCPUのことを、**レイテンシ・プロセッサ**とよびます。レイテンシ・プロセッサ上のコアを、**レイテンシ・コア**と呼びます。

一方、レイテンシ・プロセッサとは逆の方向で、コア当たりの実行速度を抑え、主に動作周波数を下げ低電力化する方針があります。同一の電力使用量

の条件でコア数を多数搭載することで並列性を高めて、高性能化する CPU の作り方です。この方向の CPU のことを、**スループット・プロセッサ**とよびます。スループット・プロセッサ上のコアを、**スループット・コア**と呼びます。

以上の CPU の作り方の方向を喩えるのであれば、レイテンシ・プロセッサは少数精鋭の集団、スループット・プロセッサは凡才多数の集団といえます。人間の社会では、少数精鋭のほうが良いと思われます。しかし、全員に均等に仕事を割り当てられる状況で、協調して動作が行えるのであれば、総合としてなされる仕事量は、凡才多数のほうが少数精鋭に勝つこともありえます。つまり、仕事の内容と、人の使い方で、仕事の効率が決まるということです。面白いことに、この考え方は計算機ハードウェアでも成り立ちます。

一方で見方を変えると、少数精鋭のグループと、凡才多数のグループが協調して仕事をする場合が、もっとも効率が良い場合もあります。このように、双方のまったく異なる思想のハードウェアを混ぜた CPU の作り方も実在します。これは、**ヘテロジニアスな CPU 構成**と呼ばれるものです。

近年では、レイテンシ・コアの CPU といっても、周波数の向上を抑えて、多数のコアを搭載する方針の CPU もあります。したがって、レイテンシ・コアといっても、単に周波数の向上のみを目指した作り方になっているわけではありません。

ここで紹介する GPU は、スループット・プロセッサに位置づけられるものです。

4.2.3 GPU コンピューティングの浸透——グラフィックス用の CPU を汎用計算に使う

GPU (Graphics Processing Unit) は、グラフィックス用の計算を行うための専用ハードウェアです。PC には GPU が標準で搭載され、ゲーム用には強化された GPU が大量生産される性質のものです。したがって、製造単価が安くなります。

グラフィックス用といっても、画像の拡大、縮小、回転、および、位置の計算などいくつかの種類の専用演算があります。GPU は、これらのグラフィッ

クス用の演算に特化された演算器をたくさん並べた構成になっています。そこで、たくさん並んだ演算器を、画像処理以外の計算に使えないか、と考える人が出てきました [6]。これが GPU を一般処理に転用して使う、**GPGPU (General Purpose Graphics Processing Unit)** の始まりでした。

量産品である GPU を使うために単価が安くなるだけではなく、演算器を多数搭載していることから、電力当たりの性能が良くなりました。このことから、GPU を使ってスーパーコンピュータを作る流れがでてきました。

GPU を用いたスーパーコンピュータとしては、国内では東京工業大学の TSUBAME 2.0 [68] が有名です。また海外では、中国国防科学技術大学の Tianhe-1（天河一号）が GPU を搭載して 2.566 PFLOPS を達成し、2010 年 11 月において TOP500 で 1 位をとりました。

4.2.4　GPU コンピューティングの特徴
●専用 CPU は使える処理が限定される

GPU コンピューティングは価格当たりの性能で、大変良いものです。スーパーコンピュータに限らず、PC 自体での計算、または、PC を複数集めて作られた並列計算機である **PC クラスタ** においても、GPU コンピューティングを用いて低価格で高性能計算が実現できるため、現在も注目されています。

良いことづくめの GPU コンピューティングですが、最大の欠点は GPU 上の演算を利用できる演算パターンに制約があることです。GPU 上の演算器は、グラフィック用の演算パターンを行うことには向いているのですが、計算結果をもとに処理を変えるような演算は得意ではありません。たとえば、IF 文を用いて実行先を変更する **条件分岐演算 (Conditional Branch Computation)** がその一例です。条件分岐演算のような、複雑な演算を伴う処理は、GPU コンピューティングには向きません。

しかし科学技術計算のなかには、単純な計算を大量に行うものがあります。このような処理に GPU を用いた演算は有効です。たとえば、行列–行列計算です。第 1 章で説明しましたが、TOP500 に使われる LINPACK ベンチマークでは、行列–行列積が計算時間を多く占める処理になります。また有限差分法におけるステンシル演算についても、GPU に向いた処理といえます。

● **GPU を用いたプログラミングが難しい**

次の欠点は、GPU におけるプログラムのやり方にあります。多くの場合、高い性能を GPU で達成するには、専用の計算機言語で記述する必要があります。たとえば、CUDA [103] です。この GPU 専用のプログラム言語に不慣れなユーザは、敷居の高さを感じるでしょう。また、通常の CPU のみで処理を行う場合に対して、CUDA などで記載した GPU 用の専用プログラムを新規に作成しないといけません。実行対象に応じて、複数のプログラムを作成しないといけなくなれば、プログラミングが難しくなります。

一方で、Fortran や C といった、従来からのプログラム言語にコメントとして指示を与えるだけで、GPU で動作する計算機言語が開発されています。たとえば、OpenACC [104] がその一例です。このように GPU コンピューティングにおいては、プログラミングの難しさを下げる努力が現在もなされています。このような計算機言語の普及が、GPU コンピューティングの今後の発展のカギになります。

● **通信処理の高速化：GPU どうしで直接通信できるか？**

GPU コンピューティングにおいても、ノード間で通信を行います。この際、従来はホストとなる CPU を経由してデータの通信をやる方法しかありませんでした。したがって、通常の CPU での通信性能に対し、GPU では通信性能が悪くなることが問題でした。そこで GPU から直接、他のノードにある GPU にデータを送る方法が研究開発されています [69]。これらの、通信時間を高速化する方法の普及も、GPU を用いたスーパーコンピュータの普及のカギになるでしょう。

4.2.5　NVIDIA Kepler

NVIDIA 社の Kepler [70, 71] は、2013 年現在、HPC 分野で使われる最新鋭の GPU です。2013 年 6 月の TOP500 で 2 位を達成した米国 DOE/SC/オークリッジ国立研究所の Titan は、Kepler K20X を用いて作られた Cray 社のスーパーコンピュータです。17.59 PFLOPS を達成しています。

Kepler K20X は 1 ボードで、倍精度浮動小数点演算 1.31 TFLOPS、単精度浮動小数点演算 3.95 TFLOPS（プロセッサ周波数 732 MHz、メモリ周波

数 2.6 GHz) です。ハードウェアでメモリ上のデータエラーを修正する ECC の機能をオフにしたときのメモリ帯域は 250 GB/秒です [71]。倍精度浮動小数点時の B/F は 0.19 です。B/F 値がベクトル計算機に比べて低いのですが、すでに説明したように、B/F 値は演算性能に対して相対的なメモリ性能なため、絶対的なメモリ性能を示していない点に注意が必要です。つまり GPU では、250 GB/秒のメモリ帯域があります。このメモリ帯域の値自体は、後述のレイテンシ・プロセッサのメモリ帯域に比べても十分に大きな値といえます。したがって、GPU で処理できるプログラムであれば、絶対値として高いメモリ帯域の恩恵を受けることができます。

Kepler K20X は、アーキテクチャとして GK110 を採用しています [70]。NVIDIA 社の従来の GPU アーキテクチャの Fermi では、行列 – 行列積の実行効率の上限が 60～65％に対し、GK110 では効率 80％以上を実現しています。電力当たりの演算効率が Fermi の 3 倍に向上されました [70]。

GK110 では、ストリーミング・マルチプロセッサ (SMX) アーキテクチャの単位で、演算器が構成されています。単精度 CUDA コア 192 個、倍精度ユニット 64 個、特殊関数ユニット (SFU) 32 個、ロード/ストア・ユニット (LD/ST) 32 個が実装されています [70]。図 4.4 にその構成を載せます。

図 4.4 では、周波数が遅いが、多数のコアを搭載した構成になってるといえます。つまり、GPU は「凡才多数」の構成で作られています。その目標は、低電力でありながら、多数の演算器を搭載することによる、電力当たりの演算能力を高めることを目指したものといえます。したがって、限られた電力制約のもとで搭載できる資源を考慮するときに、総合的な性能を高めることができます。

演算性能の高い製品の 1 チップの構成は、図 4.4 の SMX を 15 個並べた構成になっています。構成図を、図 4.5 に示します。

図 4.5 では、15 個の SMX 間で共通の **L2 キャッシュ** (1,536 KB) があります。ここで、L2 キャッシュの容量は、後述のマルチコアやメニーコアの CPU より小さいです。Kepler のアプローチは、あくまで並列化による演算性能重視といえます。

従来の GPU では、演算処理の規格が CPU と異なり、計算結果が CPU と

4.2 演算アクセラレータをスーパーコンピュータに使う 103

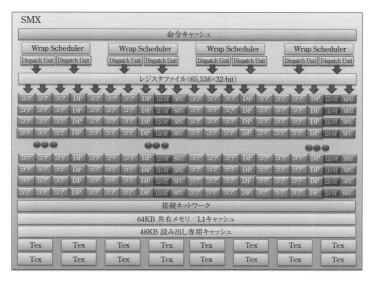

図 4.4 NVIDIA Kepler GK110 の構成 [70]

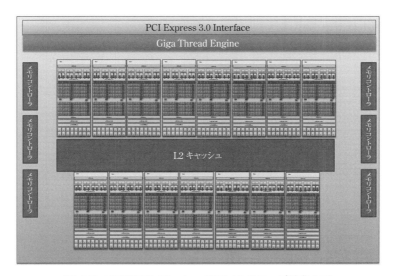

図 4.5 NVIDIA Kepler GK110 のチップ構成 [70]

は異なるという問題がありましたが、GK110 では、IEEE 754-2008 という CPU で標準の規格に準拠しており、CPU に対する GPU での計算誤差の問題が生じなくなっています。

● 仕事を始めるときに担当者の仕事の分担を決めると高効率

GK110 では、ダイナミック並列処理機能が追加されています。従来型の GPU では、CPU から呼ばれるときの並列処理の単位（スレッド数）は固定値しか指定できませんでした。事前に並列数がすべてわかる場合のみ、高い並列性を実現できました。ところが処理の中には、事前には並列数がわからないものがあります。つまり、CPU から GPU を呼び出した後に並列数がわかるような場合は、従来では GPU で高い性能を実現できませんでした。

たとえば、訪問販売のセールスをすることを考えましょう。対象となる地域と、その地域にある住宅の場所がわかっている場合は、セールス担当者に割り当てを決めて、最適に訪問することができます。しかし事前に対象となる地域の住宅の配置図がない場合、現地に行かないと分担を決めることができません。そのときは、セールス担当者全員で現地に行って調査をしてその場で訪問すべき住宅を決める方が、効率が良いことでしょう。

このように、実行してみて分担を決めるということが、従来では GPU 上でできませんでした。GK110 では、GPU 上でこの実行時の仕事の分担を行えるようになりました。GPU で判明した並列処理数を利用して、GPU から GPU に並列処理の実行数を指定することを、ダイナミック並列処理と呼んでいます。より広い対象に対し高い並列性を実現できるようになりました。

● 複数の仕事割り当てが 1 つの GPU で実現できる

MPI 実行を考慮したとき、従来の GPU では、1 つの GPU チップに 1 つしか MPI のプロセスを実行できませんでした。ところが GK110 では、Hyper-Q という技術で、32 個の MPI プロセスまで 1 チップで実行できるようになりました。これは、ハイブリッド MPI/CUDA 実行でより最適な実行ができることを意味しています。

通信処理に関しては、GPU Direct という技術により、GPU 間で直接データのやり取りができるようになっています [70]。

以上のように、最新となる GPU アーキテクチャでは、従来の欠点につい

て改善される機能の提供がなされています。

4.2.6 新しい潮流——AMD Fusion テクノロジ

GPU は、コ・プロセッサとして PC の空いているスロットに差すことを前提としています。ですので、CPU から GPU へデータを送る際にはデータ通信用の配線であるデータバスの PCI バスを通り、データがやり取りされます。PCI バスの性能が悪いと、PCI バスでのデータ転送時間の遅さが問題になることは、直感的にもわかるでしょう。PCI バスは、ハードウェア制約から、CPU 内でのデータ転送性能に比べて、高い性能を実現できません。

● **CPU 内に GPU を入れ込んで高速化する**

PCI バスのハードウェア制約から生じる転送性能の悪さの問題を解決するため、シリコンダイに直接 GPU を実装して、CPU と GPU との間のデータ転送時間を短縮する方法が思いつくでしょう。まさにこの考え方で、次世代の GPU の作り方を考えているメーカーが複数あります。

その代表として、Advanced Micro Devices (AMD) 社が開発を目指している **Fusion**（フュージョン）があります。Fusion は、CPU と GPU を融合させた **APU (Accelerated Processing Units**) の開発を目指した開発コード名です。

そのうち、Kaveri と呼ばれるアーキテクチャが最新の APU です。Kaveri で重要な概念となるのが、hUMA (heterogeneous Uniform Memory Access、ヒューマ）です [72]。

hUMA とは、CPU と GPU で同じメモリ空間を共有する概念です。hUMA を実現すると、同じメモリ空間を通じてデータのやり取りが行えるため、CPU から GPU へのデータのやり取りが高速に、かつ容易にできるようになります。hUMA を実現するため、HSA (Heterogeneous System Architecture) [73] とよばれるアーキテクチャを提案しています。

HSA では、CPU と GPU で単一のメモリ空間の実現、ユーザ空間からの高速なジョブの受付、およびジョブの切り替えの仕組みを提供することを目標にしています。

4.3 マルチコア/メニーコア・プロセッサをスーパーコンピュータに使う

本節はやや詳細に立ち入っているので、本書の概略を知りたい方は飛ばして読んでも差し支えありません。

GPU を用いたスーパーコンピュータのほかにも、量産品を使って価格当たりの単価を下げる思想で構築されたスーパーコンピュータがあります。ここでは、マルチコアやメニーコアを用いたスーパーコンピュータについて説明します。マルチコアは、レイテンシ・コアに分類される CPU です。メニーコアは、スループット・コアに分類される CPU です。

4.3.1 マルチコア・プロセッサ (SPARC64, IBM Power7, Intel Ivy Bridge, Haswell, AMD Opteron, FX) の利用

マルチコア・プロセッサとは、チップ内のコアを増やして並列性を高める方向のプロセッサです。周波数の低下により低電力化をしてコア数を増やす方向は GPU と同じですが、GPU に比べて周波数は高めを維持し、並列処理の効率を高めることを目的にしています。また、より複雑な並列処理の実行の仕組みを導入する方向のプロセッサといえます。

● **Spark64 VIII-fx と京コンピュータ**

TOP500 で 2011 年 6 月と 2011 年 11 月に、それぞれ、8.162 PFLOPS および 10.510 PFLOPS で 1 位になった京コンピュータは、Sparc64 VIII-fx [17] によるスーパーコンピュータです。Sparc64 VIII-fx は、**SPARC (Scalable Processor Architecture**、スパーク) [76] の 64 ビットアーキテクチャから、科学技術計算向けに拡張したアーキテクチャです。

Sparc64 VIII-fx では、1 ノードに 8 コアを搭載し、動作周波数は 2.0 GHz、浮動小数点レジスタ数 256 個、1 クロック当たりの同時実行浮動小数点演算数 8 個です。各浮動小数点数の演算器は 2 SIMD 演算（p.117 参照）実行の演算器が 2 個です。1 ノード当たりの浮動小数点演算能力は、8 コア ×2 GHz×8 演算同時実行なので 128 GFLOPS です。また、キャッシュ構造は 2 階層で、コ

ア別の L1 キャッシュは 32 KB/2way、共有の L2 キャッシュは 5 MB/10way です。メモリ帯域は、64 GB/秒です。したがって、B/F 値は 0.5 となります。並列処理における同期を実現するためバリア処理が必要になります。ハードウェアで同期（バリア）処理を実装して高速化したハードウェアバリアを搭載しており、8 コアを用いたスレッド実行時の同期処理が高速に実現できます。

ユーザプログラムからみた特徴は、オリジナルの SPARC64 では 32 個であった浮動小数点レジスタ数が、256 個に拡張されている点です。特に科学技術計算ではループ内に多数の演算があります。これらの演算の結果を一時的に収納しておく場所がレジスタですが、演算の数が 32 個より多い場合は、一度結果をメモリに書き出さないといけなくなります。このような状態をレジスタスピル (**Register Spills**) とよびます。レジスタスピルが生じると、メモリにデータを書き出し、その後必要なときにメモリからデータを読み出しますので、性能が大幅に低下してしまいます。そこで、Sparc64 VIII-fx で 256 までレジスタ数を拡張したことで、実際のアプリケーション 256 本のうち 89% まで十分なレジスタ数の状態に改善されました [17]。

通信網は、Tofu（トウフ）と呼ばれる専用通信網 [11, 12] です。ネットワーク形状は 6 次元トーラス網です。1 Tofu という単位で密結合し、1 Tofu の単位で 3 次元トーラスの形状をしています。このように、2 階層のネットワーク形状を持つことで、ノード故障時に冗長な通信経路が確保できるため、システム全体を停止せずに保守管理が可能になります。リンク当たりのスループットは片方向 5 GB/秒で、各ノードは 4 方向に同時送受信が可能です。

Sparc64 VIII-fx はその後継機種として、Sparc64 IX-fx [74] が開発されています。1 コア当たりの周波数を 1.848 GHz まで下げ、1 ノード当たり 16 コア搭載しています。1 ノード当たりの性能は、236.5 GFLOPS です。また、メモリ帯域は、85 GB/秒です。B/F は 0.35 となります。通信網は、京コンピュータと同じ性能を持つ Tofu です。Sparc64 VIII-fx は、東京大学情報基盤センターに 2012 年 4 月に導入された 1.13 PFLOPS のスーパーコンピュータ **FX10 スーパーコンピュータシステム (Oakleaf-fx)** [75] に使われています。

● **IBM Power7**

IBM 社の Power7 [77] で作られたスーパーコンピュータに、日立製作所が開発した SR16000 シリーズがあります [82]。Power7 は、動作周波数 3.83 GHz、ノード当たりのコア数 32 個（1 ノード当たり 4 チップ、1 チップ当たり 8 コア）、1 コア当たりの性能 30.64 GFLOPS、ノード当たりの性能が 980.48 GFLOPS です。

キャッシュ構成は 3 階層で、コア別の L1 キャッシュは 32 KB、コア別の L2 キャッシュは 256 KB、コア間で共有の L3 キャッシュは 32 MB となります。特に、L3 キャッシュの容量が大きいのが特徴です。キャッシュサイズが大きいと、高効率実行ができる問題サイズが大きくなっていくので、多くの場合、プログラムの高速化につながります。したがって、性能面で良いことになります。

IBM Power7 は、レイテンシ・コアとしては、1 ノード当たりの演算性能がとても高いプロセッサといえます。1 ノード当たりの演算性能が高いだけでなく、1 ノード当たりのメモリ量も大きいです。SR16000/M1 では、1 ノード当たり 200 GB のメモリを搭載しています。メモリ帯域は 512 GB/秒です。したがって、B/F 値は 0.52 となります [83]。

また、56 ノードの筐体では、階層型完全結合網を実装し、通信性能が片方向 96 GB/秒の性能が双方向に出せます。このように、高い通信性能も持ちます。

IBM Power7 では、**SMT (Simultaneous Multi-Threading)** 機能が提供されています。SMT とは、ハードウェアとして、1 コア当たりに実行できるスレッド数やプロセス数を 2 以上にすることができる機能です。Intel 社で、**HT (Hyper-Threading)** と呼ばれている技術と同じ概念になります。

SR16000 では、SMT により、1 コア当たり 4 スレッドの実行が可能です。SMT を使うことで、理論的には最大で 1 ノード当たり、128 スレッドもの実行ができます。このスレッド数は、後述のメニーコア・プロセッサに相当する大規模なスレッド数の実行形態となります。

● **IBM Power8**

IBM Power7 の後継として、IBM Power8 プロセッサが開発されています

[78]。Power8 は、1 ソケット当たり 12 コアを実装し、8 SMT 実行をサポートします。1 ソケット当たり 96 スレッド実行が可能です。また、キャッシュはコアごとに独立した 512 KB の L2 キャッシュと、ソケット当たり 96 MB という、とてつもなく大きな L3 キャッシュを持ちます。さらに、128 MB まで、eDRAM (embedded DRAM) というシリコンダイに内蔵したメモリを、L4 キャッシュとして外付けすることもできます。キャッシュに対するメモリ帯域は、4 GHz 動作時に 12 コア全体で、L2 は 4 TB/sec、L3 は 3 TB/sec の性能を持ちます [78]。

このように IBM Power8 は、高スレッド実行、大きなキャッシュ容量、高いキャッシュメモリ帯域をもちます。今後 Power8 プロセッサは、実アプリケーションでの性能が注目されるでしょう。スーパーコンピュータへの活用についても、注目される CPU といえます。

● **Intel Ivy Bridge と Intel Haswell**

みなさんの手元にある PC では、Intel 社の CPU が使われていることが多いと思います。Intel 社が開発している CPU をスーパーコンピュータに使うこともされています。

2013 年現在、最新の Intel 社の CPU として、Ivy Bridge と Haswell という 2 つが流通しています。

Ivy Bridge は、Sandy Bridge アーキテクチャの後継として、22 ナノメートルプロセスの 3 次元トライゲート・トランジスタを採用し、Sandy Bridge アーキテクチャに対して低電力化して開発されたプロセッサです [79]。i7-4970X 番の製品では、ソケット当たりコア数 6、HT によるスレッド数は 12 です。動作クロックは 3.6 GHz です。キャッシュは 3 階層で、L3 キャッシュは 15 MB です。Sandy Bridge と Ivy Bridge とのアーキテクチャ上の違いは、Ivy Bridge の方が内蔵されているグラフィックス用のコアが大型化しています [80]。

Haswell アーキテクチャは、Ivy Bridge と同じく 22 ナノメートルプロセスの 3 次元トライゲート・トランジスタを採用して開発されたプロセッサです。Ivy Bridge に対し、いくつかアーキテクチャの改良を行っています [81]。この改良は、Sandy Bridge のアーキテクチャに加え、以下の機能を増強したと

されています。(1) 命令発行ポート数やストアパイプ数を増やしたこと；(2) 8つのμ命令を同時発行できるようにしたこと；(3) 4つの整数演算を並列実行できるようにしたこと [81]。グラフィックス機能は、Ivy Bridge の機能に加え、GPU の演算コア数が増やされるとともに、テクスチャ・ユニットなどの強化がされています。

Core i7-4770K 番の製品では、ソケット当たり4コア、HT によるスレッド数は8です。動作周波数は 3.5 GHz です。LLC（もっともメモリに近いキャッシュ）容量は 8 MB です。

Haswell では、コアや GPU 上の演算コア、およびソケット外への通信素子に必要な電圧を生成・供給する電源供給回路を、CPU 内部に統合した、Fully Integrated Voltage Regulator を採用しています。このことにより、ソケット内の素子に対し、より柔軟な電圧制御が可能となったそうです。かつ、電圧変換ロスを少なくできます [81]。

ベースとなる周波数を 100 MHz だけでなく、125 MHz や 167 MHz に変更できる機能があります。周波数切り替えによる低電力化に対応可能になります [81]。

以上のように Haswell では、高い演算性能を考慮しつつ、状況に応じて低電力化する機能が、大幅に追加されています。

Ivy Bridge や Haswell は、スーパーコンピュータだけの用途だけではなく、汎用の処理に使われる CPU です。ですので、量産されます。このように量産される CPU のことを **コモディティな CPU** と呼びます。量産され単価が下がるというメリットがあるため、スーパーコンピュータに活用される場合、開発単価を下げることができます。

開発単価を下げることは従来からのメリットでした。現在では、汎用処理でも、利用しないときは CPU の内部素子への電力を切断し、省電力化する機能が求められています。スーパーコンピュータにおいても、低電力化の問題があります。ですので、現在考慮されているコモディティな CPU を用いたスーパーコンピュータでは、コモディティな CPU を用いて低電力化機能を実現することが、新たな要求になっていくと予想されます。

● **AMD Opteron と AMD FX**

AMD Opteron6000 系（Bulldozer アーキテクチャ）を基にしたスーパーコンピュータとして、Cray XE6 [84] があります。ノード当たり、2.5 GHz の周波数をもつコアが 32 個あります。ノード当たりの性能は 320 GFLOPS です。メモリ帯域は、102.4 GB/秒です。B/F 値は 0.32 になります。

通信網は、Cray 社が開発した GEMINI と呼ばれる専用網を利用しています。ネットワーク形状は 3 次元トーラス網、MPI のレイテンシは $1.5\,\mu\mathrm{s}$ 以下、NIC 当たり 15,000,000 メッセージ/秒の処理能力があります [84]。

Bulldozer アーキテクチャの特徴は、2 つのコアを、共有する資源をもとに融合する方針をもつ点です [85]。具体的には、演算器は物理的に 2 つあるので 2 コア構成といえますが、共有する命令取り込みと解読機構、および、L2 キャッシュが共有資源として実装されています。Bulldozer アーキテクチャの構成図を図 4.6 に示します。

図 4.6 では、2 つのコアに相当する演算器は整数演算のためのものです。ですが従来の AMD アーキテクチャの K10 では、整数演算パイプが 1 コア当

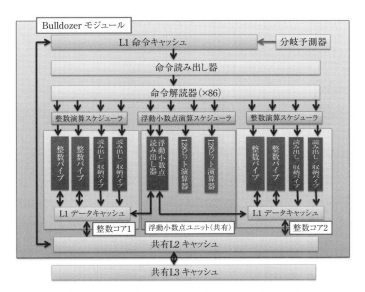

図 4.6　**AMD Bulldozer** アーキテクチャ [85]

たり3個あったのに対し、Bulldozerでは1コア当たり2個に減ったので、整数演算の占める割合が多い処理では、Bulldozerアーキテクチャのほうが性能が落ちるかもしれません[85]。ただし、整数演算のためのコアを別に用意しているので、1コアに整数演算コアを詰め込む方針に対して、演算的に優位になることを狙っているといえます。整数演算を並列処理することで、動作周波数の向上を狙う技術といえます。

　Bulldozer以外のCPUでは、以下の2つの方針があります。まず、(1) マルチコア・プロセッサでは、1チップの上に複数のコアを搭載して、1つのスレッドを処理します。また、(2) のIntelの**HT**や、IBMの**SMT**では、1つのコアに複数のスレッド（2～4スレッド）を処理させることで、スレッド数を増やします。ですがこれらの方針では、(1) ではスレッド数が増えると同期のコストが増えること、(2) では同一コア数に対するスレッド数は増えますが、スレッドの切り替え処理（**コンテキスト・スイッチ**、**Context Switch**）のコストが増えます（実行時間およびハードウェア資源ともに）。したがって、コア数を増やしたとき、動作周波数を高めることが困難になります。ところがBulldozerでは、2つのコアをハードウェア的に融合させるため、同期やコンテキスト・スイッチのコスト（実行時間およびハードウェア資源量）が低く抑えられます。つまりは、(1) と (2) の中間的な方向になります。その結果として、コア当たり高い動作周波数を維持できると期待されます。

　Bulldozerアーキテクチャをもとにした最新アーキテクチャとして、AMD FXアーキテクチャ[86]があります。AMD FXでは、動作周波数が5 GFLOPSに近づくものが発表されています。多くのマルチコア・プロセッサでは低電力化により動作周波数を落としていく方針が多いですが、AMD FXアーキテクチャでは動作周波数を高めていく方針と思われます。今後の動向が注目されます。

● **マルチコア・プロセッサの将来**

　マルチコア・プロセッサの開発においても、周波数を落としてコア数を増やしていく、機能を複雑化して並列化を高める、周波数を高めていく、など、様々な方向があります。

　商用CPUでは1チップ上でのGPUの搭載を指向しているものがほとん

どです。その結果として、GPU コンピューティングとの差もなくなりつつあります。

低電力化機能を搭載する方向で設計がなされています。電力当たりの演算能力、高い演算効率や絶対的な実行時間の速さ、プログラムが簡単に動くなど、様々な基準があります。

以上の基準から、どの方向のプロセッサが普及していくか、今後注目していく必要があります。

4.3.2 メニーコア・プロセッサ (Intel MIC アーキテクチャ (Intel Xeon Phi)) の利用

メニーコア・プロセッサは、マルチコア・プロセッサと同様に周波数の低下により低電力化をしてコア数を増やす方向のプロセッサです。しかし、マルチコア・プロセッサと比較すると、並列処理のための複雑な機構を導入せず、ハードウェア実装を簡略化する方向のプロセッサといえます。

近年、メニーコア・プロセッサと GPU との違いが少なくなってきていますが、GPU に比べてメニーコア・プロセッサは、L2 キャッシュなどの内部メモリが大きいのが違いといえます。2013 年現在においては、メニーコア・プロセッサは CPU で動くプログラムが、GPU に対して、より簡単に実行できるような仕組みになっている点の違いもあります。

●メニーコア・プロセッサ MIC

ここでは、Intel Many Integrated Core (Intel MIC) アーキテクチャ [87] を紹介します。Intel 社の多数の CPU コアを 1 つのチップに搭載する技術です。Intel MIC アーキテクチャでは、Intel Xeon Phi というブランド名で流通を行っている CPU があります。それは、Knights Corner です。2013 年 11 月現在、世界最高速の中国のスーパーコンピュータ Tianhe-2 は、Knights Corner を使って作られています。

Knights Corner は、各コアをリング状の通信網に並べた構成になっています。コアの総数は、現在のところ 60 コア以上の製品が販売されています。コア間の配線を、図 4.7 に示します。

図 4.7 では、リング状の通信網は、双方向にデータが流れる構造になって

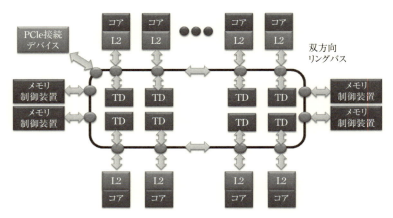

図 4.7 Intel Knights Corner におけるコア間の配線 [88]

います。データは、アクセスされる前は、コア外のメモリに蓄積しているため、コアからアクセスされると、このリング状の通信網をたどりコアまで送られます。

●データの通り道の制御：渋滞を生じさせないためには

ここで、このデータの通り道は、いわば道路のようなものです。したがって、何も統制を取らないでデータを流すと、データ同士がぶつかって渋滞を生じてしまいます。そこで、各コアには、小容量ですが一時的にデータを蓄積できるキャッシュ（L2 キャッシュ）を持たせ、データを一時的に収納しておく構成になっています。各コアでアクセスした情報が、重複して L2 キャッシュに入ると、リング状の通信網に流れるデータが増えてしまいますので、必要なデータは各コアの L2 キャッシュに分散して所有する構造になっています。

このとき、どのコアに一時的に情報を保存しているか知る必要があります。その情報を保存しているのが、TD (Tag Directory) です。各コアがデータを必要とする際には、まず、TD に情報があるか見にいきます。もし、TD に情報がない場合は、メモリからデータを読み込むことになります。

このとき、リング状の通信網が混まないようなデータアクセスの方法を採用しています。特に、Knights Corner ではコア数が 60 個以上になり、リング状の通信網に流されるデータ量が大きくなることから、メモリ上のデータ

4.3 マルチコア/メニーコア・プロセッサをスーパーコンピュータに使う　115

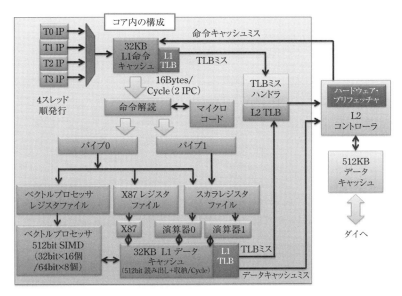

図 4.8　Intel Knights Corner におけるコアの構成 [88]

のある位置に関する情報の受け渡し専用のリング状通信網の量を倍増したそうです [88]．

●ついにやってきた 200 超並列実行のコア

一方，Knights Corner の各コアの構成はどのようになっているのでしょうか．図 4.8 に，各コアの構成を示します．

図 4.8 では，1 コア当たり 4 スレッドの命令を取り込める構造になっています．したがって，1 コアに割り当てられるスレッド（もしくは，MPI などのプロセスでも可能です）の数は 4 つです．

考え方として，いままでの Intel 社の CPU で実装されていた HT (Hyper Threading) と同様の概念といえます．現在，60 コアの実装があるわけですので，1 つの Knights Corner のボードで，60 × 4 = 240 スレッド以上の実行を行えることを意味しています．

現在，レイテンシ・コアでは，多くの場合 16 コア（スレッド）の並列性しかありません．240 スレッドもの並列実行が行えると状況が変わります．まさにメニーコアの時代に入ったことを意味しています．

●高速データ読み出しにはプリフェッチが必須

一方、図 4.8 では、命令の読み込みと解読は、同時に 2 命令となります。また、2 命令が同時に実行できます。命令発行は、**順発行** (In-order) です。命令は最初に解読されたものが、最初に実行されます。また、同時に実行される命令は 2 つです。2 つの命令実行のための道であるパイプ (Pipe) が用意されています。

パイプ 0 では、ベクトル (SIMD) 命令、Intel の従来アーキテクチャの X86 命令、および、演算器 0 につながっています。一方、パイプ 1 では、演算器 0 につながっています。このパイプでつながっている資源について、使用中は実行ができないことになりますが、別パイプに使っている資源は、同時に使うことができます。また、SIMD 命令は 512 bit のため、倍精度演算 (64 bit) では同時に 8 個の SIMD 命令、単精度演算 (32 bit) では同時に 16 個の SIMD 命令が実行できます。

キャッシュ容量は、L1 データキャッシュが 32 KB、L2 キャッシュが 512 KB です。また、データを先読みする機構をハードウェアで備えた、ハードウェア・プリフェッチャが実装されています。

Knights Corner においても、メモリからのデータの読み出しは大変時間がかかるため、データの読み出し場所の予測ができるのであれば、事前にデータを読み出しておく（プリフェッチ）ことは重要です。以前のアーキテクチャである Knights Ferry では、このプリフェッチはソフトウェアで行っていました。Knights Corner では、プリフェッチをハードウェア機能で用意しています。そのため、プリフェッチの効果が出やすくなっています。その反面、高い性能を出すためには、適切なプリフェッチのタイミングをプログラム上から指定をすることが必要になります。適切なプリフェッチの指示は、Knights Corner では重要なチューニング項目となるでしょう。

Xeon Phi では、データプリフェッチのため、コンパイラによる指示および**指示行**（ディレクティブ）と、専用記述が用意されています [93]。たとえば、C 言語で、ループ中に以下の演算が書かれているとします。

```
y += A[i_ptr] * x[i_col];
```

4.3 マルチコア/メニーコア・プロセッサをスーパーコンピュータに使う 117

このとき、配列 A[] をレベル 2 キャッシュに距離 12 でプリフェッチし、かつ、配列 x[] はプリフェッチしないようにしたいとします。このときのディレクティブは、以下のように記載します。

```
#pragma prefetch A:1:l2
#pragma noprefetch x
```

一方、専用記述では、以下のように記載します。

```
_mm_prefetch((double *)&A[i_ptr+l2],1);
```

以上の例のように、プリフェッチを指定する配列、どのキャッシュにプリフェッチするか（レベル 1 かレベル 2 か）、および、プリフェッチする距離、の調整が性能チューニングに必要となります。

●ベクトル化も必要

プリフェッチに加えて、Xeon Phi では、命令のベクトル化も高速化のために必要になります。

本章の初めでベクトル計算機の例を説明しました。ところが近年の CPU はベクトル計算機ではないので、厳密にいうと、ベクトル命令を生成するわけではありません。ここでの説明では、メモリから複数のデータを読み込み、専用のベクトル命令でベクトル演算を行い、最後にメモリへ複数のデータを書き込む処理とします。この処理は、ベクトル化と同様の考え方で行われている処理といえます。このような処理のことを、SIMD (Single Instruction Multiple Data-stream) 演算と呼びます。

ユーザプログラムにおいて、上記のような SIMD 演算によるベクトル化をすることを、**SIMD 化**と呼びます。SIMD 化することで、大幅な速度向上が望めます。Xeon Phi では、SIMD 化することで、SIMD 化しない処理に対して約 6 倍の高速化、かつ、60 コアを用いたスレッド並列化と SIMD 化を併用することで、合計で 300 倍の高速化が達成できる例が紹介されています [93]。

具体的には、7 点ステンシル演算の主演算について、そのままでは SIMD 化がされないのですが、コンパイラに SIMD 化の指示を与えるディレクテ

ィブである `#pragma simd` を追加することで、SIMD 化ができる例が紹介されています。ですので、性能チューニングのために SIMD 化（ベクトル化）をすることは、Xeon Phi において重要なチューニング項目になります。

●高いメモリ帯域

Intel Xeon Phi 7120P では、1 ボード当たり、コア数は 61 個、動作周波数 1.238 GHz（ターボブースト利用時 1.333 GHz）、メモリ量 16 GB、メモリ帯域：352 GB/秒、1.2 TFLOPS（倍精度演算時）です。ですので、B/F 値は 0.29 となります。

メモリ帯域は、最新の GPU に比べても高いといえます。ですので、メニーコア上で実行できれば、高いメモリ帯域の恩恵が受けられるといえるでしょう。ただし、命令発行が順発行になっており、多くのレイテンシ・プロセッサが採用している乱発行に対して単純な機構です。そのため、命令レベルでの並列性が制約されます。メモリ性能と命令レベル並列性を勘案して、実行速度が決まります。

Xeon Phi は、PCI バスに差すことで、各ノードに搭載できます。現在では、1 ノード当たり 3 枚の Xeon Phi ボードを指すことができるようです。

●**Xeon Phi コ・プロセッサ上で簡単に CPU 向けプログラムが動く**

Xeon Phi の最大の特徴として、プログラムが簡単に動かせることがあります。Xeon Phi のボードは、PCI バスに接続して使うため、ホストとなる CPU（たとえば、Intel Ivy Bridge）と、コ・プロセッサとしての Xeon Phi があります。また、Xeon Phi 単独でも、動作可能な仕組みになっています。双方とも、コンパイラにかけるだけで、従来から CPU で動かされているプログラムが、Xeon Phi コ・プロセッサ上で動作可能になるのです。

Xeon Phi でのプログラムの動かし方として、以下の 3 種類があります。

まず、(1) 通常の CPU 上での実行です。次に、(2) Xeon Phi プロセッサ上のみでプログラムを動かす **Native Mode** [89] があります。また、(3) CPU 上にあるプログラム上使うデータを Xeon Phi に転送し、実行の一部を Xeon Phi 上で行う **Offload Mode** [90] があります。この 3 種はいずれも、コンパイルを行うだけで手軽に実行できます。

注意は、(2) の Native Mode では、使えるメモリ量が CPU のメモリより小さいため、大規模な実行ができないことです。また、動作周波数が CPU より Xeon Phi のほうが遅いため、高い並列性が活用できないプログラムだと CPU 実行より遅くなること、が挙げられます。

(3) の Offload Mode では、CPU からのデータの転送時間に見合うだけの演算量と高効率な演算実行が Xeon Phi 上で行えないと、CPU 上の実行より遅くなります。

● **MPI で分散並列化されたジョブを Xeon Phi で動かす**

MPI プログラムを Xeon Phi で動かすことも簡単にできます。先ほど説明した実行形態と組み合わせた数の MPI の実行形態があります [91]。

以下の 4 通りが MPI での実行形態になります。(1) マルチコア CPU のみ；(2) コ・プロセッサのみ **Coprocessor Only** プログラミングモデル；(3) マルチコア CPU とコ・プロセッサを同時に使う **Symmetric Program Model**；および、(4) CPU とコ・プロセッサのオフロードを使う **MPI+Offload Program Model** です。図 4.9 にその形態を示します。

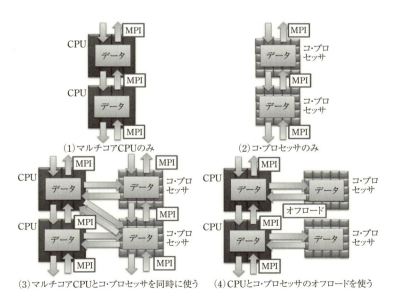

図 4.9　Xeon Phi における MPI の実行形態 [91]

図 4.9 では、(2) の形態では、コ・プロセッサからも直接 MPI による通信が可能です。また、(3) では、CPU とコ・プロセッサから MPI による通信を行います。一方、(4) MPI+オフロードでは、コ・プロセッサからのデータを CPU に書き戻したうえで、CPU から直接 MPI で通信を行います。このことから、いかに高性能な通信がコ・プロセッサからできるかが重要になります。コ・プロセッサ上の MPI の実装のみならず、OS を含めた高性能な MPI 実行の研究開発が重要になります。すでに、Xeon Phi コ・プロセッサから直接 MPI 通信を行うことができる機構の研究が開始されています [92]。

●**さらに複雑化する MPI 実行形態での性能チューニングに向けて：ソフトウェア自動チューニング技術の進展**

また、コ・プロセッサでも MPI が動くということは、マルチコア CPU 上で行われていた MPI プロセスと OpenMP によるスレッド実行の組み合わせの実行形態（**ハイブリッド MPI/OpenMP 実行**）が、コ・プロセッサ上でもできることを意味しています。つまり、性能チューニングのための対象が、マルチコア CPU 単体よりも複雑化されます。性能チューニングの複雑化に対応するための技術が、今後より重要になってくるでしょう。

ハイブリッド MPI/OpenMP 実行に限らず、エクサスケールに向けて複雑化する性能チューニングの問題について、自動化によりコストを削減する研究分野があります。それは、**ソフトウェア自動チューニング (Software Auto-tuning)** と呼ばれ、性能チューニングの自動化を主な目的としています [94, 95]。現在、エクサスケールの計算機環境に向けた性能チューニングの課題について、自動チューニング技術を適用する研究が盛んになされています。

4.4 エクサフロップスに向けて

エクサフロップスを達成するため、現在、技術的な観点からいろいろな検討がなされています。その 1 つに、日本の高性能計算 (High Performance Computing, HPC) 分野の若手を中心に編集された、HPCI ロードマップ白書 [96]（以降、「白書」と呼びます）があります。この白書には計算機ハード

ウェアにおける 2018 年までの研究開発動向が記載されています。本節ではまず、この計算機ハードウェアにおける研究開発動向を説明します。

4.4.1 多数の人が同時に仕事をすると何が起こるか

2013 年現在開発されている CPU における演算コアの数は、8 個程度が主流です。2018 年では、1 つのチップ中に 32〜64 コア搭載された CPU が広く普及すると予想されています [96]。つまり、2013 年現在、1 つの処理について 8 つのコアを用いて 8 並列で処理されていることが、2018 年頃には 64 並列で実行されると予想されます。すでに説明した、Intel 社の HT などの、1 コアで複数のスレッドやプロセスを実行できるハードウェア技術も普及するはずです。そうなると 1 CPU において、数百並列まで実行できる環境が、ごく普通の環境となっていくでしょう。

一方、小容量ですが高速な一時記憶装置であるキャッシュの容量は、2013 年現在では 1 コア当たり 2 MB 程度です。ところが 2018 年でも、同様に 1 コア当たり 2 MB 相当しか確保できないことが指摘されています。これは並列処理の観点では、性能面において 2018 年の状況はより困難になると予想されます。

●**作業スペースが十分にないと多数の人が協調して仕事ができない**

たとえば、8 人で同時に仕事をする場合、机 1 つが各人に用意されているとしましょう。一方、64 人で同時に仕事をする場合でも、机 1 つが各人に用意されるとしましょう。このとき、同一の仕事をするためには情報を共有する必要があるので、個人の仕事スペースのほかに、書類を累積する場所（作業スペース）が必要となります、このような作業スペースは、8 人での同時作業でも 64 人の同時作業でも、同じスペースしか確保できない状況となります。

つまりは、64 人での同時作業においては、事前に綿密に作業計画を立てないと、効率良く仕事ができないばかりか、混乱が生じることになるでしょう。その結果、8 人の同時作業に対し、仕事の能率が落ちていきます。

CPU の話に戻ると、この状況は、64 コア実行のほうが 8 コア実行に対して演算効率が落ちることを意味します。その結果、ますます実行性能として、エクサフロップスを達成するのが困難になってしまいます。

4.4.2 東京都内の連絡と南極への連絡の電力量

白書では、通信性能の予想もされています。スーパーコンピュータでの並列処理では、計算ノード外へのデータ通信が必要になります。その際、ノード外への応答時間が性能に影響を与えます。データを送ったときの応答は、速いほどよいです。

白書では、通信に光ケーブルを使うとして、その応答時間は、2013年現在において約 5 ns/m [96] 必要であるとされます。一方、2018 年においてもその時間が削減されず、約 5 ns/m としています。2013 年現在、スーパーコンピュータ全体のコア数は最大で約 70 万コアです。一方エクサフロップスでは、約 1 億コアのシステムが予想されています。このように、通信する相手が増えた状態でも応答時間が減らないのですから、並列実行効率が低下していくのは予想できるでしょう。これが、通信におけるエクサフロップスの困難性の 1 つです。

一方で、通信に必要となる電力量を考えましょう。電力量は、ノード内での通信とノード外での通信で異なります。喩えるのであれば、東京に住んでいて、東京都内に連絡をするための電力量と、東京から南極へ必要となるための電力量の差です。電話するにもつなげるための機材数や総回線距離が大きくなると、多くの電力が必要です。ですので、その差はとんでもなく異なることは予想できるでしょう。

白書では、2013 年のノード内の通信電力量 (64 bit) は 2.29 pJ/mm、ノード外への通信電力量 (64 bit) は 1096 pJ で、その差の比率は 479 倍です。一方、2018 年では、ノード内の通信電力量 (64 bit) は 0.42 pJ/mm、ノード外への通信電力量 (64 bit) は 204.8 pJ で、その比率は 487 倍です。

これから、エクサスケールのシステムにおいても、ノード外への通信には膨大な電力が必要であることには変わりがないと予想されています。2013 年のペタスケールのシステムでは 8 万ノードのシステムですが、エクサスケールでは 10 万〜100 万ノードのシステムになることが予想されます。ノード数は増えていくので、ノード外通信のための電力の削減は重要な技術課題になります。

ここでは、以上に示した例を一例として、エクサスケールのスーパーコンピュータを実現するために乗り越えるべき問題について説明します。

4.4.3 克服すべきいくつかの難問（スケーリング、消費電力、プログラミング、信頼性、入出力）

導入部分で示したように、エクサスケールのスーパーコンピュータを作るためには、いくつか技術的な問題があります。ここでは、**スケーリングの問題、消費電力の問題、プログラミングの問題、信頼性の問題、入出力の問題**を説明することにします。

(a) スケーリングの問題

エクサスケールのスーパーコンピュータでは、システム全体がもつコア数は、1,000 万コア〜10 億コアにまで上がっていくことが予想されています。

各ノード内のコア数は、100〜1,000 コアになると仮定すると、ノード数も 10 万〜100 万ノードになります。ですので、少なくとも、(1) 最大で 10 億コア対 10 億コアの効率の良い通信方式；(2) ノード内の通信時間とノード外の通信時間の差を考慮した効率の良い通信方式；(3) 1,000 コアを用いた 1,000 スレッド実行（共有メモリ）の高効率実行、を考慮する必要があります。

●従事する人数が増えると逐次処理時間が見えてくる

並列実行数が増えるにつれ、高効率で並列実行することが困難になります。この原理は、**アムダールの法則**と呼ばれる法則が説明しています（3.1.4 項参照）。

アムダールの法則では、並列実行数が増加すると、並列化できない逐次実行部分の占める割合が増加し、並列性の向上を阻害することを示しています。この逐次実行部分とは、たとえば導入部分で説明した、「8 人と 64 人での並列処理」の例に出てきた、情報共有のための処理です。このような情報共有のための処理は、一般的には逐次実行時間になります。ですから並列数が増えれば増えるほど、この情報共有のための処理時間の割合が増えるといえます。ですので、並列処理の効率が悪くなっていくことが理解できるでしょう。

●割り当てられる仕事が少ないと他人とのやり取り時間が見えてくる

今までのスーパーコンピュータでは、1 コア当たりのメモリ量は一定にな

るように設計がされてきました。白書では、2018年ごろの計算機では、同様に1コア当たりのメモリ量が一定量になると予想していますが、一方で、1コア当たりのメモリ容量を、いままでの容量より削減しないと、ノード当たりのコア数の増加を達成できないと予想する人もいます。

また、OSや通信用のソフトウェアが、コア数が増えるにつれて多くのメモリが必要となり、その結果として、ユーザが使える1コア当たりのメモリ量が少なくなっていく可能性も指摘されています。その結果として、ノード当たりに割り当てられる仕事量が、現在に比べ、少なくなることが懸念されています。

ノード当たりに割り振られる仕事量が減っていくと、何が起きるのでしょうか？

まず、各ジョブの演算時間と通信時間の占める割合を考えます。割り当てられる仕事が減るのですから、演算時間は削減されます。一方、通信時間は、割り当てられた仕事量に対して削減できればよいのですが、一般に、仕事量が減ったからといって、通信時間が削減できるとは限りません。

たとえば、問題サイズ N に対して、演算量が $O(N \log N)$ のアルゴリズムを処理しているとします。数値計算では、高速フーリエ変換 (FFT) という処理があります。この FFT を処理する場合、ノード当たりの問題サイズを固定して並列化していく状況で、ノード当たりの問題サイズを減らすと、演算量は $N \log N$ に従った量で減っていきます。ところが通信処理は、$O(N)$ に従うとすると、1ノード当たりの問題サイズの縮小により、通信時間の占める割合が増えてしまいます。

人間に喩えれば、1人に与える仕事を減らしても、その仕事をするために交渉する相手の数は減らない状況下では、相手とのやり取り時間の占める割合が増加するのと同様です。その結果として、仕事の効率を向上できないことになります。

● 通信時間を削減する

並列処理の効率を高めるためには、同じ通信量に対する処理でも、通信時間を減らすことが重要です。導入部分で説明したように、通信時間においては、応答時間が削減できないことが問題でした。したがって、なるべく通信

をしないことが重要となります。

通信をしない工夫には、大きく分けて以下の3つがあります。それは、(1) すべてのプロセスが従事する集団通信をできるだけ避けること；(2) 演算量が増えても通信回数を減らすこと；(3) 通信と計算を同時にできるようにすること、です。

まず (1) の集団通信とは、通信を行うべき対象のすべてが、処理に従事して演算と通信を行うことです。集団通信を利用するだけで、ノード数が増えれば増えるほど、通信時間が増えてしまうのは仕方がないといえます。したがって、できるだけ集団通信を使わない通信方式を実現することが必要です。

●演算回数が増えても通信をしない

次の (2) は、いままで演算時間を減らす目的で行っていた通信をやめて、再度演算をしてでも、通信を削減するアルゴリズムに変更するということです。たとえば、以下の処理でこのことを考えましょう。

```
if (配列 A[1:n] の計算を担当するコア) {
  dtmp = A[1:n] * A[1:n];
  dtmp を自分以外へ放送；
} else {
  dtmp を、A[1:n] を担当するコアから受け取る；
}
```

以上の処理で、もし A[1:n] のデータを、すべてのコアが所有している状況であるとしましょう。このとき、冗長な計算 dtmp = A[1:n] * A[1:n] を全コアで行っても、放送処理を削減できるのであれば、そのことで通信時間が削減できます。

以上の例ように、通信回数を減らすアルゴリズムのことを、**通信削減アルゴリズム (Communication Reducing Algorithm)** と呼びます。

●通信をしながら演算をする

最後の (3) の通信と演算が同時にできるようにすることを説明します。これは、見かけの応答時間を削減するために非常に有効な手段です。この方法

は、たとえば、以下のような処理になります。

　ある処理をした後、他人に照会する必要が生じたとします。そのとき、処理1⇒電話（通信）という形態になり、通信中は次の仕事を進めることができません。ここで、電話中の相手が捕まらない場合、次の仕事の「処理2」の開始が遅れてしまいます。

　この状況を改善するには、あらかじめ、処理2の仕事の中身を精査し、処理1の内容に関係ない事項を抽出しておき、処理2'と処理2''に分けておきます。その状況で、処理1⇒電話（通信）をし、相手、もしくは、担当者に用件を伝えられる人に必要な照会事項を伝えたらすぐに電話を切ります。その後すぐに、処理2'を行います。その後、相手から必要な情報の伝達のため電話がかかってきたときには、処理2'は終了しているとします。このとき、相手から必要な情報を入手後、処理2''がすぐに開始できます。

　以上の例では、電話（通信）と同時に、処理2'を行っている状態になります。これは、通信と演算を同時に行っていると言えます。その結果、見かけの応答時間が削減できます。

　以上のような通信形態を、科学技術計算で使っている例が多数あります。典型的な例として、**有限差分法 (Finite Difference Method, FDM)** における、**袖領域 (Halo)** の通信があります。

　FDMでは、問題空間を計算メッシュに分割します。この計算メッシュにおける計算点に対して、差分近似のやり方に依存する規則的な演算パターンがあります。この規則的なパターンを、**ステンシル演算 (Stencil Computation)** と呼びます。

　このステンシル計算による演算は、計算メッシュ全体に対して、値が収束するまで反復して行われます。値が収束したら、近似解とします。この近似解の計算を、シミュレーション上の時間ステップごとに行うのが計算パターンとなります。その説明を、図4.10に示します。

　図4.10の計算において、並列処理を行うことを考えます。

　一般的にFDMでは、計算メッシュを、並列処理の数だけ分割して、並列処理を行います。どのように分割するかというと、通信が最小になるようにですが、この分割の方法自体も性能チューニングの1つになります。ここで

4.4 エクサフロップスに向けて　127

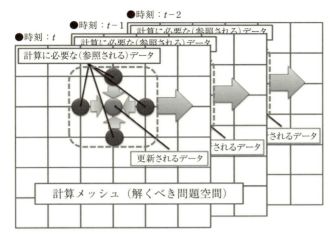

図 4.10　FDM における計算パターン例

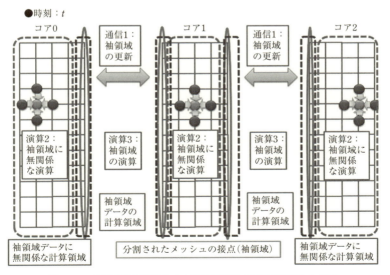

図 4.11　FDM の計算を 3 コアで分割して並列処理した場合

は単純に、2次元の領域において、列方向で分割することにします。

この分割時に、並列処理の対象の2つにまたがって存在する計算点が存在します。この、2つにまたがって所有されている計算点の集合のことを、袖領域と呼びます。袖領域の計算点では、またがっている2つの並列処理の対象上において、同じ値を持つ必要があります。したがって、袖領域の計算には、計算の順番に制約があるので、並列に計算してはいけません。

一方、袖領域を含まない計算領域の計算点については、並列に計算してよいことになります[1]。この関係を示したのが、図 4.11 になります。

図 4.11 から FDM では、処理すべき仕事を、袖領域を含まない領域の計算と、袖領域を含む領域の計算に分割できることがわかります。また袖領域の計算点の値は、分割された並列処理の対象間で同一の値を持つ必要があるため、通信で計算点の値を交換する必要があります。

以上のことを考慮すると、通信と計算を同時に行える方法は、以下のように構築できます。

まず初めに、袖領域のデータを交換します。このとき、通信は袖領域のデータの交換が終了しなくても処理を終了できる通信方式（非同期通信）で実現します。そうしないと、通信が終了するまで通信処理が終了できず、通信と演算を同時に行う処理になりません。

次に、袖領域のデータを必要としない演算を行います。その演算が終了したら、袖領域のデータ交換が終了したか確認する処理を行います。

最後に、袖領域のデータを必要とする演算を行います。

以上により、袖領域の通信と、袖領域を必要としない演算が同時に行えている状況になります。その結果、通信と演算を同時に行っている状況となり、通信時間が削減されます。

●時間ステップの並列性も利用する

以上の説明では、FDM における、ある時刻 t における処理について説明しました。

FDM においては、時刻 t について複数のステップ、すなわち、必要な時間分をシミュレーションすることが普通です。これを、時間ステップと呼びま

---

[1] 正しくは、逐次計算の順番を変えてよいとする場合に、並列に計算してよいことになります。

す。この時間ステップにおいても、時刻 t と、時刻 $t+1$ で、並列に行ってよい計算は同時に行い、かつ、袖領域の交換も毎時刻行うのではなく、時刻 t と時刻 $t+1$ で必要な袖領域を一度にまとめて送る方法が考えられます。

一般に、時刻 t から時刻 $t+m$ までの計算と通信をまとめて行うと、もとの通信に比べて、通信回数が $1/m$ 回削減されます。このような方法を一般に、**通信回避アルゴリズム (Communication Avoiding Algorithm, CA Algorithm)** と呼びます。

FDM において、時間領域で離散化し、主に時間依存のマクスウェル方程式を解く方法を、**FDTD 法 (Finite-difference Time-domain Method, FDTD Method)** と呼びます。ステンシル演算の特性を利用して、演算効率を高める研究もなされています [99]。

●不定期に席にいなくなる人が多いとどうなるか

エクサスケールのスーパーコンピュータにおいて、OS などのシステムソフトウェアで問題になっていることが、OS のジッタ (**Jitter**) 問題です [100]。

OS は、システムダウンを防ぐための定期的な機材監視などの理由から、定期的にジョブであるデーモンを動かしています。そのとき、不定期に CPU に演算負荷がかかります。これを、OS のジッタといいます。

この OS のジッタが生じる状態で、集合通信を行うとどうなるでしょうか？

結論は、集合通信の処理の時間が、OS のジッタのない状態に比べて増えてしまいます。さらに、ノード数が多くなればなるほど、遅れてはならない処理を行っているプロセスでジッタが生じる確率が増えます。その結果、通信が遅くなる度合いが大きくなっていきます。

この状態は、みんなで一斉にしなければならない仕事が来たときに、不定期で席を外す人がいる場合、その人が戻ってくるまで仕事が終わらない状況に似ています。仕事が遅れる確率は、従事する人が多くなるほど、遅くなる確率が高くなっていきます。この状況を防ぐには、不定期に席にいなくなるような状況をなくし、つねに人が席にいるようにしないといけません。

このように、OS のジッタが少なくなるような機能を付けることは、エクサスケールのスーパーコンピュータに向く OS 開発の 1 つの技術課題になっています。

(b) 消費電力の問題

2018年頃実現されるエクサスケールのスーパーコンピュータで想定される総電力量は、20～30 MWと想定（制約）されています。それでも、現存する京コンピュータの100倍の性能要求となります。ですので、単位電力当たりの性能を向上しなくてはいけません。消費電力の問題が深刻になります。

また、ハードウェア技術は常に向上しており、最小加工寸法はつねに縮小し、新たな低電圧回路技術が開発されています。メモリ素子も、新しい技術が開発されています。これら新しい技術を考慮した上で、電力性能の観点から適切な低電力化技術を適用していくことが、ハードウェア分野の技術者やコンピュータ・サイエンス学者に求められます。

一方で、スーパーコンピュータを運用するときの要求もあります。スーパーコンピュータの平常稼働時の電力は、ピーク稼働時の半分といわれています[96]。この状況を考慮すると、ピーク時の消費電力が、計算機センターの電源や空調の限界を超えるようにあえて設置したうえで、ソフトウェアやハードウェア制御機構を導入することで、設備的限界の範囲内に消費電力・温度を抑えるシステムも考えられるでしょう。また、ジョブの特性に応じて、高い単位当たりの電力性能を実現するシステムも考えられるでしょう。これまでの常識にとらわれない、システム設計が求められます。

以上のように、新技術と電力要求を考慮した上で、新しい設計方針に基づくスーパーコンピュータを設計することが求められています。

●電圧を下げて周波数を上げることによる低電力化の限界

プロセッサの消費電力増加の割合は、電源電圧の2乗に比例します。いままでは、電源電圧を0.7倍に下げたうえで、トランジスタの数を倍増して、周波数向上分の消費電力の増加を打ち消すことで、電力当たりの性能を向上させてきたそうです[96]。

しかし近年は、電源電圧の低下ができなくなり、その結果として、周波数の向上ができなくなりました。この状況下で何もしないでできる低電力化の技術は、トランジスタ当たりの実装面積を下げる微細化技術により、消費電力の削減を行うしかありません。したがって、このままでは低電力化に限界が生じます。

4.4 エクサフロップスに向けて

この背景から、ハードウェア上の工夫により低電力化する技術開発が盛んになされています。

●ジョブ特性に応じ使われない回路素子を遮断する

電力を効率良く削減するためには、どうしたらよいでしょうか？

最初に思いつく方法は、電子回路レベルで使われていない場合、その回路を遮断して電力を削減することでしょう。この考えに基づく技術として、**パワーゲーティング (Power Gating)** [105, 106] という技術が知られています。

メモリアクセスが多いジョブは、メモリからのデータ転送の時間がほとんどで、演算がされていない状況となります。そこで、演算器などの演算に関連する電子回路への電力供給を動的に切断することで、低電力を達成します。演算を開始するまでに、動的に回路を立ち上げる必要があります。いわば、PC を使っていて、一時的に PC で使う仕事がなくなった場合、OS をサスペンド状態にして席を離れることで、PC の消費電力の削減を行うのと同じ考え方になります。

パワーゲーティングでは、プロセッサのコアやキャッシュメモリなど、アーキテクチャ上の基本的な回路素子の構成単位（ブロック）ごとに、パワースイッチを実装します。そのうえで、状況に応じて電源を遮断します。処理の切り替えにはミリ秒単位で、電源の ON と OFF が必要になります。したがって効率の良いパワーゲーティングの実現には、ハードウェアへの実装だけではなく、OS、ミドルウェア、アプリケーションの連携が必要となります。

一方で、**クロックゲーティング (Clock Gating)** と呼ばれる技術は、トランジスタ単位で電力の供給を切断する技術です。パワーゲーティングに対して、より細部の演算回路への電力切断を行う技術といえます。状態を変える必要のないトランジスタにおいてクロック供給を遮断することで、低電力化を実現します。

●考える速度を落として計算する

次に考えられる低電力化の方法は、演算効率の悪いジョブを実行する際には、クロックを下げて実行するという方法が考えられます。この方法を実現する技術として、**DVFS (Dynamic Voltage and Frequency Scaling)** [107] があります。

DVFSでは、動的にコアの動作周波数と電源電力を下げることで、全体の消費電力を削減する技術です。電力は（電源電圧の2乗）×（動作周波数）に比例します。したがって、動作周波数だけではなく電源電圧も同時に下げることで、動作周波数の3乗に比例する消費電力削減が可能となり、効率が良い低電力化の技術となります。

問題は、効率の悪いジョブの決定を事前もしくは実行時に、どのように決めるのかです。いろいろ研究されていますが、決定方針として最もよくなされているのは、メモリアクセスが多いジョブを、ユーザプログラムの記述からコンパイル時に判断する方法です。メモリアクセスが多いジョブでは、ほとんどがメモリからのデータアクセス待ちの時間となり、演算器を高周波数で実行して高速化しても、全体の時間が速くなりません。

そこで、そのようなジョブは遅い周波数で実行します。この周波数の切り替えは、ジョブ単位で行うことも考えられますし、ジョブの中の一部分（プログラム上の一部分）について適用することも考えられます。ジョブ中の一部分（プログラム上の一部分）に周波数切り替えを適用する場合は、DVFSによる周波数切り替えのための時間を考慮した上で、DVFSの適用を判断する必要があります。そうしないと、ほとんどDVFSの周波数切り替えの時間となってしまいます。その結果、実行時間がDVFSのない場合に対して大幅に遅くなり、電力効率の良い実行が保証できなくなります。

●新しい素子技術

低電力に貢献する、新しい素子技術も研究されています。たとえば、**3次元構造トランジスタ**（Fin FET[108]、トライゲート・トランジスタ）と呼ばれる回路素子の技術は、今まで2次元構造で配置していたトランジスタのチャネル領域を立体構造化することで、トランジスタを小型化します。その結果として、低電力化を達成できます。

また不揮発メモリである、**磁気抵抗メモリ** (Magnetoresistive Random Access Memory, **MRAM**) や、**疑似SRAM** (Pseudo Static Random Access Memory, **PRAM**) は、通常のSRAMに対し電力損失を防げる不揮発性があります。不揮発性により、回路自体の電力切断に有効となります。さらに実装密度が高い理由から、低電力向きのメモリ素子であるとされます。これ

らの素子レベルの低電力化の技術の進展が期待されます。既に説明したように、Intel Ivy Bridge は、トライゲート・トランジスタで製造されています。

素子レベルでも 2 次元実装から 3 次元実装化を行う流れがあるのですが、**3 次元積層デバイス**による計算機アーキテクチャの実装技術 [109] も、今後注目される低電力技術になるといわれています。

3 次元積層デバイスは、複数のシリコンダイを 3 次元方向に積層し、これらの間を貫通ビアで接続して実装します。これにより、データアクセスの低レイテンシ化ができます。データアクセスの低レイテンシ化とは、同一チップ内にデータがあるので、データ転送時の応答が速いということです。1 チップ化による低電力化、および、微細化に頼らない大容量化が達成できます。3 次元積層デバイスの活用により、計算機ハードウェアの各機能の再設計が進められています [110]。

●ネットワーク網自体の低電力化

低電力化が必要なのは、プロセッサだけではありません。近年のスーパーコンピュータでは、ネットワーク網が大規模化したことにより、ネットワーク網の電力量が無視できないほど大きくなっているといわれています。

そこで、ネットワーク網を低電力にする素子の研究開発もされています。**シリコンフォトニクス**という技術 [111] では、半導体として使われているシリコンを材料にして、小型化した「光の通り道」を作ります。その光の通り道を利用して、光通信をする技術です。光通信の特徴から、通信性能（データ転送の量）を飛躍的に向上させ、かつ、通信に要する消費電力を低く抑えることができます。スーパーコンピュータにおけるネットワーク網の素子として注目されています。

●電力制御の「つまみ」

いままでいろいろな低電力化の方法を紹介しました。そこで必要となるのが、電力を制御するための方法です。ハードウェアに電力制御ができる仕組みが入っていても、実際に制御するための方法がないと制御できません。つまり、電力制御のための「つまみ」が必要です。この電力制御のための「つまみ」のことを、**Power Knob**（パワー・ノブ）といいます。

Power Knob はハードウェアに設けられるものですが、つまみを制御する

ものが、ハードウェアだけだとは限りません。OS などのシステムソフトウェアからも制御できることが必要です。さらには、アプリケーションソフトウェア（ユーザが記述するプログラム）上から、直接制御できたほうがよいこともあります。

●電力制御の遅延は致命的欠陥になる

アプリケーションソフトウェアから Power Knob を制御する場合に考慮すべき重要なことは、電力の ON/OFF の制御のため、遅延があることです。つまり、プログラム上で電力制御の命令を出しても、ハードウェアにその命令が伝わるためには時間を要します。さらに電力制御で重要なのは、電力制御が遅れてしまっても、システム上、致命的な欠陥を生じてはいけないことです。いま、10 MW しか利用できない施設において、プログラム上からの電力制御命令の遅延により、実際は 11 MW 使ってしまうことになったとしましょう。そのとき、電力オーバーのため、最悪、施設ごと停電してしまいます。その結果、計算機システムが壊れてしまう恐れがあります。

以上のような致命的な欠陥を回避するため、プログラム上での電力制御命令に対し遅延があっても、ハードウェア上の消費電力の限界を絶対に超えない仕組みをつくらないといけません。そのため、オンラインで消費電力を監視する技術や、消費電力監視のリアルタイム取得の研究も、重要な技術課題になります。

エクサフロップスのスーパーコンピュータでは、数百万ノード級の電力情報をリアルタイムに取得しないといけません。また、ユーザが利用するノード数は、数百ノードクラスから、数十万ノードクラスまで、並列処理の規模が様々であるジョブが投入されています。ですので、投入されたジョブの特徴と、I/O を含むシステム電力使用量の全体を見て、最適となるジョブの実行スケジューリングを実現する必要があります。このような、ジョブスケジューリング機能の研究も、重要な技術課題になります。

(c) プログラミングの問題

●どういう方法で仕事を与えるか

ユーザにとって重要なことは、どういう方法で、最大で 1 億並列性を持つ仕事を与えるか、ということでしょう。つまり、どのようにプログラミング

を行うのかが問題となります。

現在、スーパーコンピュータで効率良く動作するプログラムは、ノード間の通信を MPI (Message Passing Interface) [63, 64, 101] で記載したプログラムがほとんどです。MPI で記載されたプログラムの実行の単位は、**プロセス (Process)** と呼ばれ、取り扱うメモリ空間が論理的に別となります。

MPI では、ノード当たり 1 つの MPI プロセスで実行させることが多いです。プロセスは論理的なメモリ空間のため、物理的なメモリ空間を共有するノードで、複数の MPI プロセスも起動することができます。つまり、ノード当たり、2 個以上の MPI プロセスの実行もできます。

一方、ノード内での並列性の記述には、**OpenMP** [102] が使われることが多いです。OpenMP を用いたプログラムの実行形態は、**スレッド (Thread)** と呼ばれ、論理的に共有メモリ空間となります。ノード間の通信は、OpenMP では記載できません。一方、ノードに GPU を搭載したスーパーコンピュータは、GPU で起動するスレッド処理を記載するため、CUDA と呼ばれる計算機言語 [103] を利用します。もしくは、メニーコア・プロセッサを搭載したスーパーコンピュータでは、OpenACC と呼ばれる、コメント行で処理を指示する計算機言語 [104] でスレッド処理を記載します。OpenACC が生成するコードは、GPU でも動作するため、GPU においても OpenACC の利用によるプログラミングのコスト削減が検討されています。

●ハイブリッド **MPI/OpenMP** プログラミング

プロセスとスレッドは直交する概念ですので、プロセスとスレッドを組み合わせたプログラム形態が実現可能です。特に、MPI プロセスと、何らかのスレッド実行を組み合わせたプログラミング形態を、**ハイブリッド MPI プログラミング**と呼びます。そのうち、近年最もよく行われているのが、MPI と OpenMP との組み合わせです。この形態を**ハイブリッド MPI/OpenMP プログラミング**と呼びます。さらに、CUDA などの、GPU やメニーコア向きの言語を組み合わせた形態が、最新のプログラミング形態となっています。

以上から、いままでは、MPI と OpenMP や CUDA を用いたハイブリッド MPI プログラミングモデルがうまく機能してきたといえます。ハイブリッド MPI プログラミングモデルでは、ノード内の MPI プロセス数を 1 つに限

定し、ノード内のコア数分だけスレッドを立ち上げ実行することで、MPIプロセス数を減らします。その結果、通信時間の削減を狙うことができます。

具体的には、京コンピュータでは約64万コアありますが、ノード内の8コアをスレッド実行することで、MPIプロセス数を8万プロセスまで削減できます。エクサフロップスを実現するスーパーコンピュータでは、ノード内のコア数が現在のシステムより増えていくことが予想されるので、ハイブリッドMPIプログラミングの効果がより一層出てくることでしょう。

● より簡単にプログラミングするには

一方で、既にMPI化されているプログラムではない場合で、かつユーザが並列処理に不慣れな場合は、並列化を伴うプログラミングが一層困難になります。

このような状況で従来から期待されているのが、**自動並列化コンパイラ（Automatic Parallelization Compiler）**の技術です。ノード内のスレッド並列化ができる自動並列化コンパイラは、現在、普及しているといえます。一方で、ノード間のプロセス並列化ができるコンパイラは現在も研究中で、十分に普及しているとは言えません。

さらに、元のプログラムが並列化に不向きなアルゴリズムを採用していたり、並列化に向いたアルゴリズムであっても書き方が並列化に向いていない場合は、自動並列化による並列化ができないことがあります。つまるところ、自動並列化コンパイラを使う人も、並列処理を勉強しないと並列化されるプログラムが書けないことになり、本末転倒の状況になることも珍しくありません。筆者は、自動並列化コンパイラを用いても、必ずしも並列処理の敷居が下がるとは言えない状況があることを経験してきました。

● 計算パターンを限定すると

そこで、数値計算が行われる分野ごとに、専用の記載方法で処理を記載することで、並列化されたコードを自動生成する方法が従来から開発されています。このような計算機言語のことを、**DSL（Domain Specific Language）**と呼びます。エクサフロップスのコンピュータに向けたDSLの研究も盛んに行われています。

たとえば、FDM専用のDSLの研究として、Physis [112] があります。Physis

では、FDM におけるステンシル関数 g1, g2 を適切に定義したあと、ステンシル演算部分を以下のように書くだけで、5 点ステンシル演算が実現できます。

```
void diffusion(const int x, const int y,
PSGrid2DFloat g1, PSGrid2DFloat g2, float t) {
float v = PSGridGet(g1, x, y)
  + PSGridGet(g1, x+1, y) + PSGridGet(g1, x-1, y)
  + PSGridGet(g1, x, y+1) + PSGridGet(g1, x, y-1);
PSGridEmit(g2, v / 5.0 * t);
return;
}
```

上記の記述から、ノード内とノード間の並列化を行ったプログラムを自動生成できます。計算パターンを FDM のステンシル演算に限定することで、使いやすい言語と言語処理系（コンパイラや、コードを自動生成するプリプロセッサなどのこと）が作れます。

反面、DSL の欠点は、特定の演算以外の演算には適用できないことです。DSL を用いたプログラミングは、DSL を適用する分野と、解くべき問題の数式で限定されます。しかし、DSL が利用できる分野の人は、プログラムが作りやすくなる利点を享受できます。そのことで、エクサフロップスのスパコンの利用が促進されるのは、良い点といえるでしょう。

●仕事の分け方

すでに、ノード外へのデータの転送は時間がかかるだけではなく、電力がかかることを説明しました。ですので、なるべくデータ転送が少なくなるように、各ノードへ仕事を分配することは大変重要です。

多くの数値計算プログラムでは、仕事を分けることは、配列を分けることと同じになります。いかにデータ移動を少なくするように配列を分散するかが、重要な課題になります。つまり、プログラミングにおいて、どのように、通信が少なくなるような配列の振り分け方を見つけられるか、および、プログラム上において、どのように配列データ分散を記載できるかは、エクサスケールに向けた重要な課題となります。

●仕事効率が異なる人たちと協調して仕事する

システム全体で低電力を達成するために、異なる計算機アーキテクチャの構造をしたCPUを集めて、1つのノードを形成する方法がとられることがあります。この理由は、ジョブにはいろいろ特性があり、あるジョブは計算ばかりしているので動作周波数を高めると演算効率が良いのですが、あるジョブはメモリアクセスばかりしているのでCPUの周波数を高めても速度が向上しないというようなことがあります。ですので、このような状況では両者に適するCPUを混合したシステムにしたほうが、総合的なジョブの実行効率が良くなるのは明らかなことでしょう。

以上のことから、スーパーコンピュータに投入されるすべてのジョブの実行効率を考慮すると、異なる周波数とか、異なる演算器構成からなるシステムのほうが、均質的に同じ構成のシステムより、電力当たりの演算効率が高くなることが予想されます。このようなシステムの構成を、**非均質構成**（ヘテロジニアス）と呼びます。

非均質構成のプロセッサとしては、Cell Broadband Engine (Cell/B.E.) [113] があります。また、Cell/B.E. を搭載したスパコンとして、IBMのRoadrunner [114] があります。

以上を喩えるのであれば、仕事の効率が様々な人たちと協調して仕事をする場合に、効率を最も良くするようにするためにどうすべきか、という状況に似ています。仕事の能率を上げるためにやれることは、その人の能力を見て、適切な仕事量を個別に与えることでしょう。

計算機においても同様です。プロセッサの種類を見て、そのプロセッサの能力に応じた仕事を与える、仕事の仕分けが重要になります。このことを、ジョブのスケジューリングと呼びます。したがって、ジョブのスケジューリングを適切に記載できるプログラミング形態が、非均質構成の計算機では重要な課題となります。

(d) 信頼性の問題

●数の暴力：どこかが壊れる、静かに壊れる

エクサスケールのスーパーコンピュータにおいて、ある意味もっとも困る状況は、故障かもしれません。エクサスケールでは、ハードウェア、ソフト

ウェアともに大規模化し、かつ複雑化もするため、故障が増えると予想されています。

一般に故障する確率（故障率）は、構成要素の増加につれて増大していきます。重要な概念は、**平均故障間隔 (Mean Time Before Failure, MTBF)** です。MTBF は、平均して故障する間隔となりますので、長い方が良い指標です。

エクサスケールでは、MTBF は、35 分から 39 分になるといわれています [96]。またノード内の構成要素を考えると、1 つのシリコンダイ（ソケット）当たり、年間 0.1 回程度の故障が発生するとされ、100 万ソケットのエクサスケールシステムを仮定すると、5 分程度の平均故障間隔になるとさえ言われています [96]。

これは、大変恐ろしい状況です。なぜなら、平均して、約 40 分に 1 回故障するのですから、すべての資源を使ったジョブは、40 分以上継続して実行できないことになります。

一方、完全に壊れてしまって動かない状況だけではなく、動くのですが、演算結果が一部間違うという故障があります。この演算結果が間違うという故障は、ユーザに通知されません。一部の計算結果が、エラーの通知なく壊れるという状況になります。このような故障を、**難検知故障（Silent Error、サイレントエラー）** と呼びます。難検知故障も、エクサスケールの環境で増えるといわれています。

以上のような故障に対して、多重の方式、もしくは、お互いに補うような仕組みで、故障による障害の発生を防ぐ仕組みを、**Fault Resilience** といいます。Fault Resilience の研究は、信頼性を高める研究として現在もっともなされている研究課題です。

● **壊れているかチェックできるようにする**

以上のような故障に対応するには、どうしたらよいでしょうか？

その答えの 1 つは、信頼性を高めるため、壊れているかどうかチェックする仕組みを入れることです。このような仕組みは、たいていはハードウェアに入っています。しかし数の多さから平均故障間隔が短くなっていくわけですので、ソフトウェアにも同様に信頼性向上の手法を入れないといけません。

よく行われている信頼性向上の手法は、ECC (Error Checking and Correction) という方法で、メモリなどのエラー修正のために、数ビットの情報（パリティ・ビット）を入れ込んでおく技術です。ECC を、配列データの情報に入れ込んでおくことで、エラーの検出と修正ができます。また、**ハートビート (Heartbeat)** という技術では、一定間隔で故障しているか調査する仕組みです。ソフトウェアとして ECC やハートビートを入れる場合、従来に加えて処理が追加されるわけですので、性能が十分に許容できるかどうかを評価しないといけません。

なお数値計算ライブラリでは、利用される演算が限定されているので、その演算（多くの場合は、数学上意味のある数式）レベルで故障検知と修復を実装する研究が開始されています [115]。

● **冗長に実行する、壊れる前の状況を残す**

壊れたデータを検出する以外の方法で、故障対策はないでしょうか？

よく行われている方法は、「冗長」に実行することです。同じ処理を 2 回同時に実行して、結果があっているか確認するという方法です。従来は、計算機資源は高価なものであり、冗長に実行することは、よほど高い信頼性が必要な処理以外はなされていませんでした。たとえば、銀行における預金の引き出しや納付というトランザクション処理のような、高い信頼性が必要なところのみで行われてきたのです。ところが現在は、計算機資源は多数あるのが普通になったので、冗長実行を気軽に行えるようになりました。

一方、正常な動作時に一定間隔で計算機の状態をファイルに落としておき、故障が起こった際は、その正常な状態を読み込むことで復旧する方法があります。この方法を、**チェックポイント・リスタート (Checkpoint Restart)** と呼びます。チェックポイント・リスタートを行う前提は、ファイルシステムが十分に高い信頼性で構築されていることです。ファイルシステムへの書き込み中に故障が起きると、復旧不可能になってしまいます。

以上のチェックポイント・リスタートを身近な例で説明します。いま Windows でサスペンド機能を実行すると、計算機の状態がすべてファイルに保存されたうえで、休止状態になります。これは、チェックポイントでのファイルへの書き込み操作になります。休止状態から復旧するには、通常、電源ボ

タンを押して再起動します。このとき、ファイルから計算機の状態が読み込まれます。これがリスタート状態です。

●効率の良い故障のチェックをするには？

以上説明した冗長実行は、効率の良さという意味では、問題があります。一方、チェックポイント・リスタートは汎用性が高い方法といえますが、計算機上の状態を無条件にファイルに落とすため、高い信頼性を必要とするデータのみを記憶しておくという意味において効率が良くありません。そこで、効率良くチェックポイント・リスタートを行う方法が研究されています。

効率の良いチェックポイント・リスタートの1つの方法は、ユーザプログラムの特性がわかっているユーザ自身に、信頼性が必要なデータを明示的にプログラム中で指示をしてもらうことです。その情報をもとに、チェックポイント・リスタートのシステムが、チェック・ポインティングを行うというものです。このような方法を、ユーザレベル・チェック・ポインティングと呼びます。

ユーザレベル・チェック・ポインティングの研究として、たとえば實本らによる研究 [116] があります。[116] では、ユーザにチェック・ポインティングが必要な配列データについて、専用の指示行を用いて処理を記述してもらいます。障害が起こったとき、ユーザが与えた復旧の方法を、OS の割り込み処理を通じて行う仕組みのみを提供します。このことで、効率良く（速い実行時間で）、チェックポイント・リスタートを実現します。

(e) 入出力の問題

今後のスーパーコンピュータの用途として、数値シミュレーションに代表される大規模な計算のみだけではなく、大規模なデータ処理を扱う分野（ビックデータ分野、データサイエンス分野）で使われることが予想されています。今後10年間ぐらいで、ビックデータ分野において、革新的なスーパーコンピュータの利用技術の促進が研究され、かつ、実用化されていくでしょう。

ビックデータ分野の処理では、演算時間よりもファイル操作 (I/O) に関する入出力の時間が多くなっていくと予想されています。たとえば、ビックデータのアプリケーションとして考えられているゲノム分野の処理は、ゲノムデータベースへのアクセス時間がほとんどを占めるといわれています。

スーパーコンピュータの I/O 能力は、普通の計算機をしのぐ性能をもっています。これは、専用のファイルサーバと、ファイル入出力用の回線を複数もっているからです。またそのファイル容量は、通常、全メモリ量の数倍が用意されています。ノード当たり約 30 GB のメモリを想定すると、現在の PFLOPS のシステムでは約 5,000 ノードほどありますので、数 PByte の I/O 容量があるといえます。

また、ストレージサーバに並列にアクセスできるファイルシステムを採用しています。たとえば、IBM 社の GPFS (General Parallel File System)、富士通社の FEFS (Fujitsu Exabyte File System)、日立製作所の HSFS (Hitachi Striping File System) などです。ただし、これらのファイルシステムは、単一の大規模ファイルへのアクセスは高速ですが、I/O ハードウェアの構成により多数のファイルのアクセス（メタ・データアクセス）や、共有ディスクへのデータ書き込みは遅いことがあります。

並列実行時においては、MPI プロセス数の個数だけファイルアクセスがなされることが普通です。同時にファイルアクセスする数は、最大で数十万ファイルが同時にアクセスされます。この状況では、ファイルシステムが高性能でも、各ノードが共有してファイルを扱える共有ファイルへのデータアクセス性能が劣化してしまう事態は避けられません。そこで、共有ファイルへ直接データのアクセスをせず、並列計算用のファイルシステムへいったんデータをコピーしてから、その後に各ノードでデータをアクセスする**ステージング (Staging)** という I/O の実行形式が、スーパーコンピュータの環境では、一般的な I/O の方法となっています。

MPI プロセスの複数の I/O ファイルを、1 つのファイルに見せるようにする、**MPI-IO** [63, 118] というインターフェースの実装も、研究として行われています。

エクサスケールに向けては、I/O の容量は数エクサバイトから 1 ヨッタバイト（エクサの 1000 倍の単位）になることが予想されます。このように大規模なデータの扱いは、容易ではありません。I/O アクセス性能から、さらには、プログラム上からどのように I/O 処理を記述するのかというプログラミングまで含め、さまざまな技術開発すべき課題が指摘されています [117]。

4.4.4 ビックデータの到来と将来の計算需要の変化

●ビックデータとは

ビックデータとは、平成 24 年度総務省の情報通信白書 [119] によると、量的側面として「典型的なデータベースソフトウェアが把握し、蓄積し、運用し、分析できる能力を超えたサイズのデータを指す」ことです。また、目的側面では、「事業に役立つ知見を導出するためのデータ」としています。ビッグデータビジネスについて、「ビッグデータを用いて社会・経済の問題解決や、業務の付加価値向上を行う、あるいは支援する事業」としています。

ビックデータが出てくる対象として、Facebook や Twitter などのソーシャルメディアにおいて、参加者が書き込むプロフィール、コメント等のソーシャルメディアデータ、Web 上で配信される音声・動画などのマルチメディアデータ、Web 上で蓄積される購入履歴などの Web サイトデータ、GPS や IC カードで検知される位置情報などのセンサーデータ、Web サーバ上で蓄積させるアクセスログなどのログデータ、などがあるとされています [119]。

以上のビックデータを利用するには、データを収集し、蓄積し、処理・分析する必要があります。これらのうち、スーパーコンピュータが活躍するのは、データの処理・分析する部分と考えられます。

●知識発見と機械学習

データを処理・分析するに当たり、ビックデータを対象とし、目的に合う情報を自動的に抽出する必要があります。たとえば、Web 上に蓄積された購入履歴のデータをもとにし、ある商品について、男性/女性でどちらがよく売れているか、どういう年齢層で売れるのか、の情報が抽出できれば、販売戦略に活かせます。このような知識の発見が重要となります。知識発見には、近年、機械学習分野の成果が利用されています。

たとえば近年、**深層学習 (Deep Learning)** [120] と呼ばれる、従来の方法よりも多くの階層を持ったニューラルネット構造の機械学習技術が注目を集めています。Deep Learning を用いた機械学習をビックデータに適用し、それをスーパーコンピュータを用いて、超並列で高速に解析するような研究が進展するでしょう。現在、大規模な機械学習アルゴリズムについて、並列

性を意識してアルゴリズムを評価する研究も開始されています [121]。今後、スーパーコンピュータへの適用評価が期待されています。

●スーパーコンピューティング技術との融合

現在、ビックデータの産業的な活用への期待がますます高まっています。また、科学的にも、ビックデータから得られる知見への期待がますます高まっています。スーパーコンピュータとビックデータの連携の例として、センサーデータの一種である気象データとの連結があります。気象データと連携することで、スーパーコンピュータを用いたゲリラ豪雨などの災害データ分析をするような処理が進むことは疑う余地もありません。ビックデータとスーパーコンピュータとの連携により、我々が予想もしていない解析処理が今後進展していくことでしょう。

●計算需要の変化に対応するベンチマーク

先ほどのビックデータのように、従来の HPC であまり考慮されてこなかった計算需要に対するスーパーコンピュータの性能を評価することは重要です。第 1 章で説明したように、スーパーコンピュータの性能評価には、連立 1 次方程式を解くベンチマークである LINPACK (HPL) が用いられていますが、LINPACK の主演算は、密行列の行列–行列積です。この密行列の行列–行列積は科学技術計算で用いられていますが、必ずしもスーパーコンピュータで動かすアプリケーションの多くを代表していません。

そこで、科学技術計算で多く扱われる計算のうち、**疎行列** (Sparse Matrix) と呼ばれる、ほとんど 0 要素の行列に対する演算を行うベンチマークが、いくつか提案されています。特に近年注目されているのは、High Performance Conjugate Gradient (HPCG) ベンチマーク [122] です。HPCG は、第 1 章の 1.4.3 項で説明した TOP500 ベンチマークサイトで利用している HPL の後継のベンチマークとして発表されています。

HPCG は、疎行列の演算のうち、連立 1 次方程式を解く**前処理付き共役勾配法** (**Preconditioned Conjugate Gradient Method**, **PCG Method**) をベンチマーク化したものです。主な演算は、**疎行列–ベクトル積** (**Sparse Matrix-vector Multiplication**, **SpMV**) です。SpMV は、HPL の主演算である行列–行列積演算に対し、メモリからのデータの読み込みと演算の比

であるB/F値が大きいです。また一般に、データアクセスが連続ではなく、疎行列の非零要素の位置にデータアクセスパターンが依存するため、データの読み出しが間接的になります。以上のことから、演算最適化が難しく、近年のCPUでは理論ピーク性能に対し5%ほどの性能しか出ません。そのためHPLに対して、より現実的なアプリ性能を反映するベンチマークと言われています。

一方で、数値計算処理ではなく、非数値計算処理のベンチマークもあります。Graph500 [123] と呼ばれるベンチマークでは、グラフにおける探索処理をベンチマーク化しています。グラフにおける探索処理のベンチマークデータを基にして、スーパーコンピュータの性能のランキングを500位までランキングするベンチマークサイトがGraph500です。2013年11月のランキングでは、米国ローレンス・リバモア国立研究所のSequoia（IBM社のBlueGene/Q）が1位にランキングされています。

このように、スーパーコンピュータの性能評価を行うベンチマークも、スーパーコンピュータにおける計算需要の変化に応じて多様化しています。

4.4.5 次世代システム調査研究（フィージビリティ・スタディ）とコ・デザイン

主に電力制約から、高い演算性能を持ち、かつ同時に、大きなメモリ容量をもつスーパーコンピュータは構築できません。利用できる一定電力を仮定すると、大別して、(1) 相対的に高い演算性能をもつがメモリ容量が少ないシステムか、(2) 相対的に低い演算性能を持つがメモリ容量が大きいシステムか、(3) 演算性能とメモリ量が中ぐらいのシステムか、の選択になります。

HPCI白書では、エクサスケールのシステムについて20 MWを電力制約とするとき、以下の4つの方向のシステムに分類しています [96]。

- 汎用型システム（従来型）：総演算性能：200〜400 PFLOPS、総メモリ帯域：20〜40 PB/秒 (B/F ≈ 0.1)、総メモリ容量：20〜40 PB

- 容量・帯域重視型システム：総演算性能：50〜100 PFLOPS、総メモリ帯域：50〜100 PB/秒 (B/F ≈ 1)、総メモリ容量：50〜100 PB

- 演算重視型システム：総演算性能：1,000〜2,000 PFLOPS、総メモリ帯域：5〜10 PB/秒 (B/F ≈ 0.005)、総メモリ容量：5〜10 PB

- メモリ容量削減型システム：総演算性能：500〜1,000 PFLOPS、総メモリ帯域：250〜500 PB/秒 (B/F ≈ 0.5)、総メモリ容量：0.1〜0.2 PB

以上のシステムのうち、どのシステムがもっともユーザにとって「良い」システムなのでしょうか？

その答えは、ユーザの動かすプログラムの特性で違ってくることでしょう。したがって、対象となるアプリケーションが定まらないと、どのシステムが良いか判断ができません。

そこで、2013 年、将来の HPCI システムのあり方の調査研究（フィージビリティ・スタディ）として、東京大学、筑波大学、東北大学が、エクサスケールのスーパーコンピュータが実現可能であるか、研究をしました [126]。また、対象となる科学技術計算アプリケーションのとりまとめを、理化学研究所が行いました [127]。

このように、対象となるアプリケーションを定め、そのアプリケーションの要求性能を定めることで、適する計算機システムの設計を行う必要があります。そのためには、コンピュータ・サイエンス分野の研究者と、計算機シミュレーションを行う計算科学分野の研究者との協調が重要になります。

異分野の研究者と協調し、システムの設計をしていくことを、**コ・デザイン (Co-design)** と呼びます。コ・デザインは、1 つの方向でシステムを作れないエクサスケールのスーパーコンピュータを設計するに当たり、重要なキーワードになっています。

● ポスト京コンピュータ開発プロジェクト

2013 年 12 月現在、京コンピュータよりも 100 倍高速なコンピュータの開発を行うプロジェクトが進行しています。京コンピュータは 11 PFLOPS ですから、ポスト京コンピュータは 1 エクサフロップス級のコンピュータを作るプロジェクトです。理化学研究所が、文部科学省が計画している「エクサスケール・スーパーコンピュータ開発プロジェクト」の開発主体となりました [124]。

文部科学省のエクサスケール・スーパーコンピュータ開発プロジェクト [125] は、2020年ごろまで1エクサフロップスのスーパーコンピュータを開発するプロジェクトです。スーパーコンピュータの開発だけではなく、1エクサフロップスのスーパーコンピュータを活用するアプリケーション開発も、計算機設計と協調して進めるとされています。また、全体の消費電力は 30～40 MW とされています [125]。このプロジェクトは、2014年度から開始される予定です。

以上のように、ポスト京コンピュータ開発プロジェクトにおいても、利用されるアプリケーションと協調して設計されるコ・デザインが実行されます。今後 HPC 分野において、さらなるコ・デザインの推進が期待されます。

●良いスーパーコンピュータとは？

最後に、ユーザにとって良いスーパーコンピュータとは何かについて述べたいと思います。ユーザにとっては、自分のプログラムが簡単に実行でき、かつ、高性能であるようなスーパーコンピュータが良いものであるでしょう。

注意すべきことは、スーパーコンピュータに限らず計算機の性能は、動かすプログラムの挙動（特性）によって大きく変わってしまうことです。特定の演算（たとえば、有限差分法におけるステンシル演算）に特化した計算機は、高い実行効率を低い電力で実現できるでしょう。したがって、ターゲットとなる特定の演算については、非常に良いものとなります。一方、ターゲットとなる演算以外のプログラムを実行すると、低効率の実行になるばかりか、場合によってはハードウェアの仕組みから実行できないこともあります。このようなプログラムを持っているユーザは、この計算機について不満を持つことでしょう。

性能重視で、たとえば B/F 値が高いスーパーコンピュータは良いでしょうか？　たしかに、ソフトウェアを考慮しない「金物」としての性能は高いので、その観点では良いといえます。しかし、B/F 値を高くするためにはメモリ帯域を高くしなくてはならず、メモリ帯域を高くするためには多くの電力を必要とします。その結果、電力当たりの性能が悪くなります。また、専用の CPU を開発する都合から、製造単価が高くなります。加えて、性能の良い CPU を使うと、ユーザのプログラミングの仕方が悪くても、そこそこな

性能が出てしまいます。その結果として、プログラムやアルゴリズムの研究が進展しなくなるかもしれません。ハードウェアだけでなくソフトウェアも協調しないと、実性能としてハードウェアの性能を引き出すことができません。立派なハードウェアがあっても、それを使いこなすだけのソフトウェアがないと、実際は役に立ちません。ソフトウェアの進展も重要でしょう。

　何でも動く汎用型のスーパーコンピュータもあります。どのようなアプリケーションも動くので良いと思えます。しかし一般に、汎用型にすると演算効率が悪くなります。したがって、多くのユーザは性能的に不満を感じるかもしれません。また、汎用型でも高い性能を引き出すためには、プログラムの大幅な改変を必要とするかもしれません。その結果、使いにくいと感じるかもしれません。

　安く作れるかという基準もあります。PCにGPUを搭載し、それを並べたスーパーコンピュータは安く作れるはずです。このようなスーパーコンピュータは価格性能的には良いといえます。しかし、それ以外の基準を考えると、よくないこともあります。たとえば、同時に使うユーザがたかだか数人の研究室レベルの使い方をするのか、スーパーコンピュータセンターのように総ユーザ数が数千人であり、そのユーザが同時に1つのシステムを利用する使い方をするのかです。使い方の違いについて、考慮すべきでしょう。また、計算機を動かす電気代と冷却を含めた設備の電気代、機材故障に対する保守管理費、さらに、多様な知識レベルを持つユーザをサポートするための費用を考慮すると、単に安く作れるというスーパーコンピュータが、本当に良いものかどうかわかりません。特に、エクサスケールでは部品の故障間隔が短くなると予想されており、24時間、もしくはそれに準じる保守管理体制がないと、作ったのはよいが、実際には故障して動かないため、使えないシステムになるかもしれません。

　以上のように、「良い」ことを定める基準がいろいろあります。なんのために使うのかを考慮しないと、基準を算出する前提すら定めることができません。そのために現在行われているのが、コンピュータ・サイエンス学者と計算科学者との、協調設計（コ・デザイン）です。コ・デザインは、ますます盛んに行われていくでしょう。

4.5 まとめ

この章では、従来から作られてきたスーパーコンピュータの技術を振り返り、現在開発されている技術について、またエクサスケールを実現する際の技術課題と、今後行われるべき技術について説明しました。

エクサスケールを達成するため、ベクトル型スーパーコンピュータのような専用プロセッサ、GPU などの量産品で電力性能が良いプロセッサ、1 チップに複数のコアを搭載するマルチコア・プロセッサ、さらに、1 チップに多数の周波数の低いコアを搭載したメニーコア・プロセッサについて、それらの技術的思想が多様であり、絶対的に正しい解答がないということがわかったかと思います。

現在、GPU とメニーコア・プロセッサ、および GPU とマルチコア・プロセッサは、計算機の構成的に近いものになってきています。エクサスケールなスーパーコンピュータが実現する 2020 年頃には、両者のハードウェア構成上の差がなくなっているかもしれません。もしくは、この章で紹介していないような新技術が開発されて、それが主流になっているかもしれません。

エクサスケールのシステムを実現するための技術的な課題をいくつか説明しましたが、技術は日進月歩であり、ここで指摘した課題は 2020 年頃にはすでに克服されているか、もしくは前提の変化により意味がないものになっているかもしれません。しかしながら、本書を読むことで、これら山積しているエクサスケールを達成するための難問に挑戦する、学生、技術者、研究者の方々が出てくるのであれば、望外の幸せです。

参考文献

[1] 姫野龍太郎：絵でわかるスーパーコンピュータ，講談社, (2012).

[2] 文部科学省：革新的ハイパフォーマンス・コンピューティング・インフラ (HPCI) の構築について, http://www.mext.go.jp/a_menu/kaihatu/jouhou/hpci/1307375.htm

[3] 奥野恭史：スパコン「京」が拓く医薬品開発の未来――速い安い旨い薬づくり，京コンピュータ・シンポジウム 2013, http://www.aics.riken.jp/wordpress/wp-content/uploads/2013/05/3_okuno.pdf

[4] Y. Miyake and H. Usui: New Electromagnetic Particle Simulation Code for the Analysis of Spacecraft-Plasma Interactions, Phys. Plasmas, 16, 062904, (2009).

[5] H. Usui, A. Hashimoto and Y. Miyake: Electron Behavior in Ion Beam Neutralization in Electric Propulsion: Full Particle-In-Cell Simulation, IOP Journal of Physics: Conference Series, 454 012017, (2013).

[6] C. J. Thompson, S. Hahn, M. Oskin: Using Modern Graphics Architectures for General-Purpose Computing: A Framework and Analysis, Proceedings of the 35th annual ACM/IEEE International Symposium on Microarchitecture, (2002), pp.306–317.

[7] http://www.intel.co.jp/content/www/jp/ja/processors/xeon/xeon-phi-detail.html

[8] M. Tsuji and M. Sato: Performance evaluation of OpenMP and MPI hybrid programs on a large scale multi-core multi-socket cluster, T2K Open Supercomputer, International Conference on Parallel Processing Workshops (ICPPW '09), (2009), pp. 206–213.

[9] H. Nakashima: T2K Open Supercomputer: Inter-University and Inter-Disciplinary Collaboration on the New Generation Supercomputer, Intl. Conf. Informatics Education and Research for Knowledge-Circulating Society (ICKS' 08), (2008).

[10] http://www.olcf.ornl.gov/titan/

[11] Y. Ajima, T. Inoue, S. Hiramoto, T. Shimizu and Y. Takagi: The Tofu Interconnect, Micro, IEEE, Vol. 32, (2012), pp. 21–31.

[12] 安島雄一郎，井上智宏，平本新哉，清水俊幸：スーパーコンピュータ「京」のインターコネクト Tofu, 雑誌 FUJITSU, Vol.63, No.3, (2012 年 5 月号) http://img.jp.fujitsu.com/downloads/jp/jmag/vol63-3/paper05.pdf

[13] R. Alverson, D. Roweth and L. Kaplan: The Gemini System Interconnect, IEEE 18th Annual Symposium on High Performance Interconnects (HOTI), (2010), pp. 83–87.

[14] スーパーコンピュータ「京」の開発, http://www.youtube.com/watch?v=_ze51XkKd_I&feature=share&list=UUIGmhpdcVev1WcOYK7FHIig

[15] The Linpack Benchmark, http://www.top500.org/project/linpack/

- [16] M. A. Heroux and J. Dongarra: Toward a New Metric for Ranking High Performance Computing Systems, SANDIA REPORT, SAND2013-4744, (2013), http://www.sandia.gov/~maherou/docs/HPCG-Benchmark.pdf
- [17] 青木正樹：スーパーコンピュータ向け CPU SPARC64^{TM} VIIIfx について, http://www.ssken.gr.jp/MAINSITE/download/newsletter/2009/20091125-sci-2/lecture-4/ppt.pdf
- [18] 遠藤敏夫, 額田彰, 松岡聡, 丸山直也：異種アクセラレータを持つヘテロ型スーパーコンピュータ上の Linpack の性能向上手法, 情報処理学会研究報告, 2009-HPC-121(24), (2009).
- [19] Intel MPI Benchmarks, User Guide and Methodology Description, http://software.intel.com/sites/products/documentation/hpc/ics/imb/32/IMB_Users_Guide/IMB_Users_Guide.pdf
- [20] W. Gropp, E. Lusk and A. Skjellum: Using MPI second edition, *The MIT Press*, (1999).
- [21] U. Trottenberg, C. Oosterlee and A. Schüller: Multigrid, *Elsevier Academic Press*, (2001).
- [22] http://www.hpcchallenge.org/index.html
- [23] Unified Parallel C, http://upc.gwu.edu/
- [24] The Chapel Parallel Programming Language, http://chapel.cray.com/
- [25] X10: Performance and Productivity at Scale, http://x10-lang.org/
- [26] Xcalable MP, Directive-based language extension for scalable and performance-aware parallel programming, http://www.xcalablemp.org/
- [27] MPICH, http://www.mpich.org/
- [28] Open MPI: Open Source High Performance Computing, http://www.open-mpi.org/
- [29] MVAPICH: MPI over InfiniBand, 10GigE/iWARP and RoCE, http://mvapich.cse.ohio-state.edu/
- [30] 中田真秀：BLAS, LAPACK チュートリアル パート 1 (簡単な使い方とプログラミング), 計算工学, Vol. 16, No. 2, (2011), pp. 2552–2557.
- [31] GotoBLAS2, https://www.tacc.utexas.edu/tacc-projects/gotoblas2
- [32] Automatically Tuned Linear Algebra Software (ATLAS), http://math-atlas.sourceforge.net/
- [33] V. A. Barker et al., "LAPACK95 User's Guide", *SIAM*, (2001).
- [34] S. Balay, M. F. Adams, J. Brown, P. Brune, K. Buschelman, V. Eijkhout, W. D. Gropp, D. Kaushik, M. G. Knepley, L. C. McInnes, K. Rupp, B. F. Smith and H. Zhang, PETSc Web page, http://www.mcs.anl.gov/petsc
- [35] Hypre, http://acts.nersc.gov/hypre/
- [36] MUMPS: a MUltifrontal Massively Parallel sparse direct Solver, http://mumps.enseeiht.fr/
- [37] Super Matrix Solver, ヴァイナス, http://www.vinas.com/seihin/sms/index.html
- [38] AMG ライブラリ, みずほ情報総研, http://www.mizuho-ir.co.jp/solution/research/tools/simulation/amg/index.html

参考文献

[39] Intel Math Kernel Library, http://software.intel.com/en-us/intel-mkl
[40] NAG, http://www.nag-j.co.jp/index.htm
[41] IMSL ライブラリ, http://www.roguewave.jp/products/imsl/
[42] Fortan & C Package Family（Linux 対応）, http://jp.fujitsu.com/group/kyushu/services/dev-tech/fortran/function/
[43] Trilinos Home Page, http://trilinos.org/
[44] 反復解法ライブラリ Lis, http://www.ssisc.org/lis/index.ja.html
[45] MAGMA, http://icl.cs.utk.edu/magma/index.html
[46] PARDISO 5.0.0 Solver Project, http://www.pardiso-project.org/
[47] SuperLU, http://crd-legacy.lbl.gov/~xiaoye/SuperLU/
[48] Hierarchical Matrices, http://www.hlib.org/
[49] METIS - Serial Graph Partitioning and Fill-reducing Matrix Ordering, http://glaros.dtc.umn.edu/gkhome/metis/metis/overview
[50] ParMETIS - Parallel Graph Partitioning and Fill-reducing Matrix Ordering, http://glaros.dtc.umn.edu/gkhome/metis/parmetis/overview
[51] Scotch & PT-Scotch, Software package and libraries for sequential and parallel graph partitioning, static mapping and clustering, sequential mesh and hyper-graph partitioning, and sequential and parallel sparse matrix block ordering, http://www.labri.fr/perso/pelegrin/scotch/
[52] FFTW, http://www.fftw.org/
[53] FFTE, http://www.ffte.jp/
[54] Network Common Data Form (NetCDF), http://www.unidata.ucar.edu/software/netcdf/
[55] T. Endo, A. Nukada, and S. Matsuoka: TSUBAME-KFC: Ultra Green Supercomputing Testbed, http://www.el.gsic.titech.ac.jp/~endo/kfc-slides-sc13booth.pdf
[56] http://www.aics.riken.jp/jp/use/qualification.html
[57] https://www.hpci-office.jp/
[58] Gfarm ファイルシステム, http://datafarm.apgrid.org/index.ja.html
[59] O. Tatebe, Y. Morita, S. Matsuoka, N. Soda and S. Sekiguchi: Grid Datafarm Architecture for Petascale Data Intensive Computing, Proceedings of the 2nd IEEE/ACM International Symposium on Cluster Computing and the Grid (CCGrid 2002), (2002), pp.102–110.
[60] 今後のハイパフォーマンス・コンピューティング技術の研究開発の検討ワーキンググループ：今後のハイパフォーマンス・コンピューティング技術の研究開発について, http://www.mext.go.jp/b_menu/houdou/23/07/__icsFiles/afieldfile/2011/07/15/1308508_02.pdf, (2011).
[61] Coarray Fortran, http://caf.rice.edu/
[62] Lustre, http://wiki.lustre.org/
[63] Message Passing Interface Forum, http://www.mpi-forum.org/
[64] P. Pacheco: Parallel Programming with MPI, Morgan Kaufmann, (1996).
[65] TOP500 Supercomputer Sites, http://www.top500.org/

[66] 独立行政法人海洋研究開発機構　地球シミュレータセンター，
http://www.jamstec.go.jp/esc/
[67] システムの構成 (ES)，
http://www.jamstec.go.jp/es/jp/es1/system/hardware.html
[68] 東京工業大学国際情報センター TSUBAME2，
http://www.gsic.titech.ac.jp/tsubame2
[69] T. Hanawa, T. Boku, S. Miura, M. Sato, K. Arimoto: PEARL and PEACH: A Novel PCI Express Direct Link and Its Implementation, Proceedings of Parallel and Distributed Processing Workshops and Phd Forum (IPDPSW 2011), (2011), pp.871–879, DOI: 10.1109/IPDPS.2011.232.
[70] ホワイトペーパー，NVIDIA の次世代型 CUDA コンピュート・アーキテクチャ Kepler TM GK110，史上最速・最高効率の HPC アーキテクチャ，V1.0, (2012)，
http://www.nvidia.co.jp/content/apac/pdf/tesla/nvidia-kepler-gk110-architecture-whitepaper-jp.pdf
[71] サーバ用 TESLA GPU アクセラレータ，
http://www.nvidia.co.jp/object/tesla-servers-jp.html
[72] 後藤弘茂の Weekly 海外ニュース，AMD の次世代 APU「Kaveri」はアーキテクチャの転換点（2013 年 7 月 4 日），
http://pc.watch.impress.co.jp/docs/column/kaigai/20130704_606220.html
[73] G. Kyriazis: Heterogeneous System Architecture: A Technical Review, Rev.1.0 (8/30/2012)，
http://developer.amd.com/wordpress/media/2012/10/hsa10.pdf
[74] 富士通の最新プロセッサ SPARC64 IXfx と今後の取り組み（2012 年 2 月 16 日），
http://accc.riken.jp/secure/4721/shinjo-fujitsu.pdf
[75] 東京大学情報基盤センター，FX10 スーパーコンピュータシステム (Oakleaf-FX)，
http://www.cc.u-tokyo.ac.jp/system/fx10/
[76] SPARC インターナショナル，http://www.sparc.com/japanese/index.html
[77] R. Kalla: POWER7 Technology and Features，
https://www-06.ibm.com/systems/jp/power/info/pdf/power_guru_seminar01.pdf
[78] 後藤弘茂の Weekly 海外ニュース，IBM が技術の集大成のモンスター CPU「Power8」を発表（2013 年 8 月 28 日），
http://pc.watch.impress.co.jp/docs/column/kaigai/20130828_612950.html
[79] Intel, Ivy Bridge ベースになった最上位 CPU「Core i7-4960X」，PC Watch（2013 年 9 月 3 日），
http://pc.watch.impress.co.jp/docs/news/20130903_613761.html
[80] 後藤弘茂の Weekly 海外ニュース，Ivy Bridge の強化ポイントは GPU アーキテクチャの改革（2012 年 4 月 27 日），
http://pc.watch.impress.co.jp/docs/column/kaigai/20120427_529875.html
[81] Haswell で何が変わる？：「第 4 世代 Core プロセッサー」の強化ポイントを解説，ITmedia（2013 年 6 月 2 日），
http://www.itmedia.co.jp/pcuser/articles/1306/02/news008.html
[82] 日立製作所：SR16000 スーパーテクニカルサーバ，
http://www.hitachi.co.jp/Prod/comp/hpc/SR_series/sr16000/

[83] 大島聡史：HITACHI SR16000/M1 チューニング講座　1. ハードウェア概要, 東京大学情報基盤センター, スーパーコンピューティングニュース, Vol.14, No.1（2012年1月), http://www.cc.u-tokyo.ac.jp/support/press/news/VOL14/No1/201201tuning-sr16k-hard.pdf

[84] Cray 社：Cray XE6 スーパーコンピュータ,
http://wwwjp.cray.com/products/Cray-XE6-08.html

[85] 後藤弘茂の Weekly 海外ニュース, AMD の「Bulldozer」は製品で 4 GHz 超え,（2011 年 9 月 28 日), http://pc.watch.impress.co.jp/docs/column/kaigai/20110928_479829.html

[86] AMD 社：AMD FX プロセッサー,
http://www.amd.com/jp/products/desktop/processors/amdfx/Pages/amdfx.aspx

[87] Intel: Xeon Phi Coprocessor, Intel Developer Zone,
http://software.intel.com/en-us/mic-developer

[88] 後藤弘茂の Weekly 海外ニュース：IDF2012 の目玉の 1 つ, メニイコア「Knights Corner」, PC Watch（2012 年 9 月 11 日), http://pc.watch.impress.co.jp/docs/column/kaigai/20120911_558738.html

[89] Building a Native Application for Intel Xeon Phi Coprocessors,
http://software.intel.com/en-us/articles/building-a-native-application-for-intel-xeon-phi-coprocessors

[90] Intel Xeon Phi Coprocessor, Offload Compilation,
http://software.intel.com/sites/default/files/Beginning%20Intel%20Xeon%20Phi%20Coprocessor%20Workshop%20Offload%20Compiling%20Part%201.pdf

[91] Intel Xeon Phi Coprocessor Advanced Workshop, Intel MPI on Intel Xeon Phi Coprocessor,
http://download-software.intel.com/sites/default/files/Advanced%20Intel%20Xeon%20Phi%20Coprocessor%20Workshop%20MPI.pdf

[92] S. Min and Y. Ishikawa: An MPI Library implementing Direct Communication for Many-Core Based Accelerators, Proceedings of High Performance Computing, Networking, Storage and Analysis (SC12), (2012), pp.1529, DOI: 10.1109/SC.Companion.2012.305.

[93] J. Jeffers and J. Reinders: Intel Xeon Phi Coprocessor High-Performance Programming, Morgan Kaufmann, Elsevier, (2013).

[94] 片桐孝洋：ソフトウエア自動チューニング――数値計算ソフトウエアへの適用とその可能性, 慧文社, (2004)

[95] 片桐孝洋ほか：特集「科学技術計算におけるソフトウェア自動チューニング」, 情報処理, Vol. 50, No. 6, (2009)

[96] HPCI 技術ロードマップ白書, 2012 年 3 月,
http://open-supercomputer.org/wp-content/uploads/2012/03/hpci-roadmap.pdf

[97] R. M. Russell: The CRAY-1 Computer System, Communications of the ACM, Vol.21, No.1, (1978), pp.63–72.

[98] J. Demmel: Communication-Avoiding Algorithms, Keynote talk at IEEE International Parallel & Distributed Processing Symposium (IPDPS) 2013, 22th May 2013,
http://www.cs.berkeley.edu/~demmel/

[99] A. Nguyen, N. Satish, J. Chhugani, K. Changkyu and P. Dubey: 3.5-D Blocking Optimization for Stencil Computations on Modern CPUs and GPUs, Proceedings of High Performance Computing, Networking, Storage and Analysis (SC10), (2010), DOI: 10.1109/SC.2010.2.

[100] F. Petrini, D. J. Kerbyson and S. Pakin: The Case of the Missing Supercomputer Performance: Achieving Optimal Performance on the 8192 Processors of ASCI Q,? Proceedings of High Performance Computing, Networking, Storage and Analysis (SC03), (2003), DOI: 10.1145/1048935.1050204.

[101] 片桐孝洋：スパコンプログラミング入門——並列処理とMPIの学習，東京大学出版会，(2013).

[102] OpenMP Home, http://openmp.org/wp/

[103] NVIDIA Developer Zone: CUDA Zone, https://developer.nvidia.com/category/zone/cuda-zone

[104] OpenACC Home, http://www.openacc-standard.org/

[105] Y. Shin, J. Seomun, K. Choi and T. Sakurai: Power gating: Circuits, Design Methodologies, and Best Practice for Standard-cell VLSI Designs, ACM Transactions on Design Automation of Electronic Systems (TODAES), Vol.15, Issue 4, Article No.28, (2010), DOI: 10.1145/1835420.1835421.

[106] P. Wang, C. L. Yang, Y. M. Chen and Y. J. Cheng: Power Gating Strategies on GPUs, ACM Transaction on Architecture and Code Optimization, Vol.8, No.3, Article No.13, (2011), DOI: 10.1145/2019608.2019612.

[107] H. Sasaki, Y. Ikeda, M. Kondo and H. Nakamura: An Intra-task DVFS Technique Based on Statistical Analysis of Hardware Events, Proceedings of the 4th international conference on Computing Frontiers (CF), (2007), pp.123–130, DOI: 10.1145/1242531.1242551.

[108] D. Hisamoto, W. C. Lee, J. Kedzierski, E. Anderson, H. Takeuchi, K. Asano, T. J. King, J. Bokor and C. Hu: A Folded-channel MOSFET for Deep-sub-tenth Micron Era, IEDM Tech. Dig., Vol.1998, (1998), pp.1032–1034.

[109] K. Bernstein, B. Black, G. Loh and Y. Xie: 3D Tutorial, International Symposium on Microarchitecture (MICRO 2006) (2006), http://www.cse.psu.edu/~yuanxie/3d.html

[110] 井上弘士：3次元積層が可能にする次世代マイクロプロセッサ・アーキテクチャ，招待講演，「エレクトロニクスにおけるマイクロ接合・実装技術」シンポジウム (MATE2010)，(2010), pp.287–292. http://www.c.csce.kyushu-u.ac.jp/~inoue/paper/2010/MATE2010Inoue.pdf

[111] G.-L. Bona, R. Germann and B. J. Offrein: SiON High-refractive-index Waveguide and Planar Lightwave Circuits, IBM J. Res. Dev., Vol.47, No.2/2, (2003), pp.239–249.

[112] N. Maruyama, T. Nomura, K. Sato and S. Matsuoka: Physis: An Implicitly Parallel Programming Model for Stencil Computations on Large-scale GPU-accelerated Supercomputers, Proceedings of 2011 International Conference for High Performance Computing (SC11), No.11, (2011), DOI: 10.1145/2063384.2063398.

[113] ソニー, Cell Broadband Engine (Cell/B.E.), http://www.sony.co.jp/SonyInfo/technology/technology/theme/cell_01.html

[114] 米国ロスアラモス国立研究所, Roadrunner Home,
http://www.lanl.gov/roadrunner/

[115] P. Du, P. Luszczek and J. Dongarra: High Performance Dense Linear System Solver with Resilience to Multiple Soft Errors, Proceedings of the International Conference on Computational Science (ICCS2012), Procedia Computer Science, Vol.9, (2012), pp.216–225.

[116] 實本英之, 石川裕：容易なアドバイス記述法をもつ Fault Resilience プログラム環境構築, 情報処理学会研究報告：ハイパフォーマンスコンピューティング, Vol.2011-HPC-129, No.24, (2011), pp.1–7.

[117] 小柳義夫（著, 編集）, 中村宏, 佐藤三久, 松岡聡 著：岩波講座 計算科学 別巻スーパーコンピュータ, 岩波書店, (2012).

[118] ROMIO: A High-Performance, Portable MPI-IO Implementation,
http://www.mcs.anl.gov/research/projects/romio/

[119] 平成 24 年版 情報通信白書, 第 1 部 特集 ICT が導く震災復興・日本再生の道筋, 第 2 章 「スマート革命」が促す ICT 産業・社会の変革, 第 1 節 「スマート革命」—ICT のパラダイム転換—, 4 知識情報基盤として新たな付加価値を創造する ICT とビッグデータの活用, 総務省, (2012),
http://www.soumu.go.jp/johotsusintokei/whitepaper/ja/h24/html/nc121430.html

[120] 岡野原大輔：機械学習の理論と実践, 先進的計算基盤システムシンポジウム SACSIS2013 チュートリアル資料, (2013),
http://sacsis.hpcc.jp/2013/files/sacsis2013_ml_okanohara.pdf

[121] 佐藤一誠：確率的潜在変数モデルの大規模学習アルゴリズム開発, H24 年度採択課題, 学際大規模情報基盤共同利用・共同研究拠点,
http://jhpcn-kyoten.itc.u-tokyo.ac.jp/sympo

[122] M. A. Heroux and J. Dongarra: Toward a New Metric for Ranking High Performance Computing Systems, SANDIA National Laboratory Technical Report, SAND2013-4744, (2013),
http://www.sandia.gov/~maherou/docs/HPCG-Benchmark.pdf

[123] The Graph500, http://www.graph500.org/

[124] 理化学研究所 計算科学研究機構, 理化学研究所が「エクサスケール・スーパーコンピュータ開発プロジェクト」の開発主体に, (2013 年 12 月 24 日),
http://www.aics.riken.jp/jp/new-pro/1224.html

[125] 文部科学省：エクサスケール・スーパーコンピュータ開発プロジェクト（仮称）について, (2013 年 8 月 7 日),
http://www.mext.go.jp/b_menu/shingi/gijyutu/gijyutu2/006/shiryo/__icsFiles/afieldfile/2013/09/11/1339240_04.pdf

[126] 第 10 回戦略的高性能計算システム開発に関するワークショップ（2013 年 7 月 30 日（火）9:00～17:30, 北九州国際会議場 国際会議室）, 公開資料
「高バンド幅アプリケーションに適した将来の HPCI システムのあり方に関する調査研究」 小林広明（東北大学）
「演算加速機構を持つ将来の HPCI システムのあり方に関する調査研究」 佐藤三久（筑波大学）
「レイテンシコアの高度化・高効率化による将来の HPCI システムに関する調査研究」 石川裕（東京大学）
http://www.open-supercomputer.org/workshop/sdhpc/sdhpc-10/

[127] 将来の HPCI システムのあり方の調査研究「アプリケーション分野」,
http://hpci-aplfs.aics.riken.jp/

索引

[あ行]

アウトオブオーダー (Out-of-order) 実行　62
アクセラレータ　16, 17, 24, 98
アムダールの法則　77, 123
イーサネット　19
インオーダー (In-order) 実行　62, 116
宇宙プラズマシミュレーション　12
エクサスケール　52, 123
エクサフロップス　52, 120
演算重視型システム　146
演算性能　32
演算パイプライン　60
応用分野　9
オペレーティングシステム　35

[か行]

科学技術計算　4, 5
官報　46
疑似 SRAM (PRAM)　132
キャッシュコヒーレンシ　68, 69
キャッシュメモリ　64, 65
キャッシュライン　66
境界領域　18
共有メモリシステム　68
局所性　64
空間的局所性　64
クロスバ・スイッチ　71, 95
クロックゲーティング (Clock Gating)　131
クロック周波数　23
京コンピュータ　7, 9, 11, 63, 78, 106
計算機アーキテクチャ (Computer Architecture)　90

計算ノード　14, 15, 57
計算流体力学　33
ケーブル　21
現代的な創薬　11
コア　93
高性能計算 (HPC)　120
高速フーリエ変換 (FFT)　34, 124
コ・デザイン (Co-design)　146
コミュニケータ　84
コモディティな CPU　110
コンテキスト・スイッチ (Context Switch)　112
コンパイラ　36
　——最適化　37
コンピュートニク・ショック　92

[さ行]

サイレントエラー (Silent Error)　139
産業利用　48
3 次元構造トランジスタ (Fin FET)　132
3 次元積層デバイス　132
3 次元トライゲート・トランジスタ　109
時間的局所性　64
磁気抵抗メモリ (MRAM)　133
指示行　116
実効演算性能　7, 18, 22, 50, 56
自動並列化　37
　——コンパイラ (Automatic Parallelization Compiler)　136
シミュレーション　9, 12, 17
集団通信　85
順発行　→　インオーダー実行
条件分岐演算 (Conditional Branch Computation)　100
仕様書　47

省電力化　44
消費電力の問題　123, 130
ジョブ管理　41
シリコンフォトニクス　133
深層学習 (Deep Learning)　143
信頼性の問題　123, 138
スカラ処理　60
スケーラビリティ　52
スケーラブル　54, 55
スケーリングの問題　123
ステージング (Staging)　142
ステンシル演算 (Stencil Computation)
　　97, 117, 126, 137
ストリーミング・マルチプロセッサ (SMX)
　　102
ストレージシステム　15, 67
スーパーコンピュータ（スパコン）
　　――システム　43
　　――の定義　3, 8
　　――ランキング　22, 25, 26
スーパースカラ処理　61
スループット　59
　　――・コア　99
　　――・プロセッサ　99
スレッド (Thread)　135
性能評価試験　47
戦略分野　10
創薬　10
疎行列 (Sparse Matrix)　144
疎行列–ベクトル積 (SpMV)　144
速度向上率　77
袖領域 (Halo)　126
ソフトウェア自動チューニング (Software Auto-tuning)　120

[た行]

タスク並列　79
単精度浮動小数点数　8
タンパク質　11
チェックポイント・リスタート (Checkpoint Restart)　140
遅延　20, 28

地球シミュレータ　93
　　――2　97
中央演算処理装置 (CPU)　14
チューニング　26
調達　45
調達手続き　46
直接クロスバ・スイッチ　95
通信回避アルゴリズム (CA Algorithm)
　　129
通信削減アルゴリズム (CR Algorithm)
　　125
ディレクティブ　116
データ依存性　61
データキャッシュ　65
データサイエンス分野　141
データ転送速度　20
データ並列　80
デッドロック　85
天河一号 (Tianhe-1)　100
天河二号 (Tianhe-2)　21, 89, 113
電気　43
転送速度　21
電力　56
導入説明書　47
トウフ (Tofu)　19, 73, 107
特殊関数ユニット (SFU)　102
トライゲート・トランジスタ　132
トーラス　73, 107

[な行]

難検知故障　→　サイレントエラー
入出力の問題　123, 141
ノード　93
ノード間結合ネットワーク　14, 17–19, 30, 57, 67, 70, 96
　　――性能　32

[は行]

倍精度浮動小数点数　8
倍精度浮動小数点演算性能　25
パイプ (Pipe)　116

パイプライン処理 (Pipelining Process) 59, 91
ハイブリッド MPI/OpenMP 実行 120
ハイブリッド MPI/OpenMP プログラミング 135
パーソナルコンピュータ 2
ハートビート (Heartbeat) 140
パワーゲーティング (Power Gating) 130
パワー・ノブ (Power Knob) 133
バンク (Bank) 66, 92
　――コンクリフト 67
　――メモリ 66
汎用型システム 145
非均質構成 → ヘテロジニアス
ビッグデータ 143
　――分野 141
ビット 5
姫野ベンチマーク 34
浮動小数点演算 7
　――性能 23
浮動小数点数 6
浮動小数点方式 6
プリフェッチ (Pre-fetch) 117
プログラミングの問題 123, 134
プロセス 135
プロセッサ 4, 58
分散メモリシステム 69
平均故障間隔 (MTBF) 139
並列計算機 56
並列処理 68
ベクトル演算器 (Vector Computing Unit, Vector Processing Unit) 90, 91
ベクトル化 61
ベクトル型 (Vector Type) 90
ベクトル処理 61
ベクトルレジスタ (Vector Register) 90
ヘテロジニアス (heterogeneous) 16, 99, 138
ベンチマーク 7, 21, 25, 30, 56
ポスト京コンピュータ 146

[ま行]

前処理付き共役勾配法 (PCG Method) 144
マスターワーカー・モデル 79
マルチコアプロセッサ 15
マルチフィジックスシミュレーション 14
ムーアの法則 4
命令キャッシュ 65
命令パイプライン 59
メッシュ 71
メモリ 28
　――階層 64
　――システム 62
　――性能 29
　――帯域 (Memory Bandwidth) 92
　――バンド幅 28, 30, 32, 50
　――容量削減型システム 146

[や・ら行]

有限差分法 (FDM) 97, 126
容量・帯域重視型システム 145
ライブラリ 38
乱発行 → アウトオブオーダー (Out-of-order) 実行
粒子 13
量産品 97
理論ピーク演算性能 6, 23, 24, 50, 56
リング 70
冷却設備 43
レイテンシ・コア 98
レイテンシ・プロセッサ 98
レジスタ (Register) 90
　――スピル (Register Spills) 107
ロード/ストア・ユニット (LD/ST) 102
ロードマップ 50

[欧文]

AMD FX アーキテクチャ 112
AMD Opteron6000 111
APU (Accelerated Processing Units) 105

索引

Automatic Parallelization Compiler → 自動並列化コンパイラ

Bank → バンク
B/F (Byte per FLOPS) 94
　――値 50, 51
BLAS 26, 39
Bulldozer アーキテクチャ 111

Cell/B.E. (Cell Broadband Engine) 138
Checkpoint Restart → チェックポイント・リスタート
Clock Gating 131 → クロックゲーティング
Co-design → コ・デザイン
CA algorithm (Communication Avoiding Algorithm) → 通信回避アルゴリズム
CR algorithm (Communication Reducing Algorithm) → 通信削減アルゴリズム
Computer Architecture → 計算機アーキテクチャ
Conditional Branch Computation → 条件分岐演算
Context Switch → コンテキスト・スイッチ
Coprocessor Only プログラミングモデル 119
CPU (Central Processing Unit) → 中央演算処理装置 14
Cray-1 89
CrayXE6 111
CUDA 101, 135

Deep Learning → 深層学習
DSL (Domain Specific Language) 136
DVFS (Dynamic Voltage and Frequency Scaling) 44, 131

ECC (Error Checking and Correction) 140
eDRAM (embedded DRAM) 109

FACOM VP シリーズ 92
Fault Resilience 139
FDTD 法 (Finite-difference Time-domain Method, FDTD method) 129
FFT → 高速フーリエ変換
Fin FET → 3次元構造トランジスタ
FDM (Finite Difference Method) → 有限差分法
FLOPS 値 8
fork-join モデル 81
FEFS (Fujitsu Exabyte File System) 142
Fusion 105
FX10 スーパーコンピュータシステム (Oakleaf-fx) 107

GEMINI 111
GPFS (General Parallel File System) 142
GPGPU (General Purpose Graphics Processing Unit) 100
Gfarm 49
GK110 104
Graph500 ベンチマーク 145
GPU (Graphics Processing Unit) 16, 58, 98-101
Green500 ベンチマーク 44

Halo → 袖領域
Haswell 109
Heartbeat → ハートビート
heterogeneous → ヘテロジニアス
HITAC S シリーズ 92
HPC (High Performance Computing) → 高性能計算
　――Challenge ベンチマーク 34
HPCG (High Performance Conjugate

Gradient) 144
HPCI 49
——ロードマップ白書 120
HPL (High Performance LINPACK) 144
HSA (Heterogeneous System Architecture) 105
HSFS (Hitachi Striping File System) 142
HT (Hyper-Threading) 108, 112
hUMA (heterogeneous Uniform Memory Access) 105
Hypre 40

IBM Power7 107
IBM Power8 108
IEEE 754-2008 104
Infiniband 19
Intel MIC (Intel Many Integrated Core) アーキテクチャ 113
Intel Xeon Phi 113
Intel Xeon Phi 7120P 118
Ivy Bridge 109

Kaveri 105
Kepler 101
Kepler K20X 101
Knights Corner 113, 116
Knights Ferry 116

L2 キャッシュ 102
LAPACK 39
LD/ST → ロード/ストア・ユニット
LINPACK 22, 27, 56, 144
——ベンチマーク 25, 100
Linux 36

MRAM (Magnetoresistive Random Access Memory) → 磁気抵抗メモリ
MTBF (Mean Time Before Failure) → 平均故障間
Memory Bandwidth → メモリ帯域

MPI (Message Passing Interface) 26, 30, 38, 83, 104, 120, 135
MPI/CUDA 104
MPI-IO 142
MPI+Offload Program Model 119
MPI Ping Pong ベンチマーク 31
MPI ライブラリ 39
MUMPS 40

NAS Parallel ベンチマーク 32
Native Mode 118
NEC SX-9 97

Oakleaf-fx → FX10 スーパーコンピュータシステム
Offload Mode 118
OpenACC 101, 135
OpenMP 37, 38, 80, 120, 135
OS のジッタ (Jitter) 129

PCI バス 105
PC クラスタ (PC Cluster) 2, 100
PETSc 40
PGAS モデル 87
Physis 136
Pipe → パイプ
Pipelining Process → パイプライン処理
Power Gating → パワーゲーティング
Power Knob → パワー・ノブ
Pre-fetch → プリフェッチ
PCG Method (Preconditioned Conjugate Gradient Method) → 前処理付き共役勾配法
Process → プロセス
PRAM (Pseudo Static Random Access Memory) → 疑似 SRAM
PUE (Power Usage Effectiveness) 43, 45

Register → レジスタ
—— Spills → レジスタスピル

Roadrunner 138

Sequoia 145
SFU → 特殊関数ユニット
Silent Error → 難検知故障
SIMD (Single Instruction Multiple Data-stream) 117
―――化 117
SMT (Simultaneous Multi-Threading) 108, 112
SMX → ストリーミング・マルチプロセッサ
Software Auto-tuning → ソフトウェア自動チューニング
SPARC (Scalable Processor Architecture) 106
Sparc64 IX-fx 107
Spark64 VIII-fx 106
Sparse Matrix → 疎行列
Sparse Matrix-vector Multiplication (SpMV) → 疎行列–ベクトル積
SPEC 35
SR16000 108
Staging → ステージング
Stencil Computation → ステンシル演算

STREAM ベンチマーク 30
Strong scalability 52–54
SX-ACE 97
SX シリーズ 93
Symmetric Program Model 119

TD (Tag Directory) 114
Thread → スレッド
Tianhe-1 → 天河一号
Tianhe-2 → 天河二号
Titan 101
Tofu → トウフ
TOP500 56, 100
TSUBAME 2.0 100
TSUBAME-KFC 45

Vector Computing Unit → ベクトル演算器
Vector Processing Unit → ベクトル演算器
Vector Register → ベクトルレジスタ
Vector Type → ベクトル型

Weak scalability 52–54

Xeon Phi コ・プロセッサ 16

岩下武史（いわした・たけし）
北海道大学情報基盤センター教授，博士（工学）
1998 年　京都大学大学院工学研究科電気工学専攻博士課程修了．
　　　　京都大学助手，同大学学術情報メディアセンター助教授などを経て，
2014 年より現職
受賞：電気学会電力・エネルギー部門大会優秀論文賞，情報処理学会山下記念研究賞，HPCS2012 最優秀論文賞

片桐孝洋（かたぎり・たかひろ）
東京大学情報基盤センター准教授，博士（理学）
1994 年　豊田工業高等専門学校情報工学科卒業．
1996 年　京都大学工学部情報工学科卒業．
2001 年　東京大学大学院理学系研究科情報科学専攻博士課程修了．
　　　　電気通信大学大学院情報システム学研究科助手，東京大学情報基盤センター特任准教授などを経て，
2011 年より現職．
受賞：情報処理学会山下記念研究賞，文部科学大臣表彰若手科学者賞
著書：『スパコンプログラミング入門』（東京大学出版会，2013 年）など

高橋大介（たかはし・だいすけ）
筑波大学システム情報系教授，博士（理学）
1991 年　呉工業高等専門学校電気工学科卒業．
1993 年　豊橋技術科学大学工学部情報工学課程卒業．
1997 年　東京大学大学院理学系研究科情報科学専攻博士課程中退．
　　　　同大学大型計算機センター助手，筑波大学助教授などを経て，
2012 年より現職
受賞：情報処理学会山下記念研究賞，情報処理学会論文賞

スパコンを知る　　その基礎から最新の動向まで

2015 年 2 月 18 日　初　版

[検印廃止]

著　者	岩下武史・片桐孝洋・高橋大介
発行所	一般財団法人　東京大学出版会
	代表者　古田元夫
	〒 153-0041 東京都目黒区駒場 4-5-29
	電話 03-6407-1069　　Fax 03-6407-1991
	振替 00160-6-59964
印刷所	三美印刷株式会社
製本所	誠製本株式会社

©2015 Takeshi Iwashita *et al.*
ISBN978-4-13-063455-7　　Printed in Japan

JCOPY 〈（社）出版者著作権管理機構　委託出版物〉
本書の無断複写は著作権法上での例外を除き禁じられています．複写される場合は，そのつど事前に，（社）出版者著作権管理機構（電話 03-3513-6969, FAX 03-3513-6979, e-mail: info@jcopy.or.jp）の許諾を得てください．

スパコンプログラミング入門［DVD付］ 　並列処理とMPIの学習	片桐孝洋	A5判/3200円
ソフトウェア開発入門 　シミュレーションソフト設計理論からプロジェクト管理まで	佐藤文俊・加藤千幸 編	B5判/3800円
情報	川合　慧 編	A5判/1900円
情報科学入門　Rubyを使って学ぶ	増原英彦 他	A5判/2500円
MATLAB/Scilabで理解する数値計算	櫻井鉄也	A5判/2900円
コンピューティング科学	川合　慧	A5判/2400円
ユビキタスでつくる情報社会基盤	坂村　健 編	A5判/2800円

ここに表示された価格は本体価格です．御購入の
際には消費税が加算されますので御了承下さい．